高等学校建筑电气与智能化本科指导性专业规范

（2014 年版）

高等学校建筑电气与智能化学科专业指导小组　编制

中国建筑工业出版社

图书在版编目(CIP)数据

高等学校建筑电气与智能化本科指导性专业规范（2014年版）/
高等学校建筑电气与智能化学科专业指导小组编制. 北京：中国
建筑工业出版社，2013.2

ISBN 978-7-112-15138-7

Ⅰ. ①高… Ⅱ. ①高… Ⅲ. ①房屋建筑设备-电
气设备-智能控制-课程标准-高等学校-教学参考资料
Ⅳ. ①TU85-41

中国版本图书馆CIP数据核字（2013）第031123号

责任编辑：王 跃 张 健
责任设计：陈 旭
责任校对：姜小莲 陈晶晶

高等学校建筑电气与智能化本科指导性专业规范
（2014年版）
高等学校建筑电气与智能化学科专业指导小组 编制

*

中国建筑工业出版社出版、发行(北京西郊百万庄)

各地新华书店、建筑书店经销
北京红光制版公司制版
北京同文印刷有限责任公司印刷

*

开本：787×1092毫米 1/16 印张：3½ 字数：85千字
2013年5月第一版 2014年7月第二次印刷
定价：**15.00**元
ISBN 978-7-112-15138-7
(23248)

关于同意颁布《高等学校建筑电气与智能化本科指导性专业规范》的通知

高等学校建筑电气与智能化学科专业指导小组：

　　根据我部和教育部的有关要求，由你指导小组组织编制的《高等学校建筑电气与智能化本科指导性专业规范》，已通过住房城乡建设部人事司、高等学校土建学科教学指导委员会的审定，现同意颁布。请指导有关学校认真实施。

中华人民共和国住房和城乡建设部人事司
住房和城乡建设部高等学校土建学科教学指导委员会
2013 年 1 月 18 日

前　　言

　　自 20 世纪 90 年代智能建筑在我国兴起，至今已经形成了一个新兴产业，呼唤着高质量专门技术人才的加盟。高等学校建筑电气与智能化本科专业正是在这样的背景下产生的。2005 年教育部批准设立了建筑电气与智能化专业（专业代码为 080712S），2006 年开始招生。到 2012 年，全国已有 43 所高校设置了该专业，年招生人数近 4000 人，发展势头良好。2012 年 10 月，教育部公布的高等学校本科专业新目录中，该专业作为基本专业（专业代码 081004），列入工学门类土木类。

　　由于建筑电气与智能化专业的创办历史不长，人才培养模式、教学内容和方法需要深入探索，学生的实践能力和创新精神培养应得到充分重视，教师队伍的整体素质也亟须提高。这就有必要采取切实有效的措施，对全国有关高校举办这一专业的教学进行规范，建立准入门槛，确保教学质量，引导教学改革；同时教育管理部门也需要通过专业规范，督促和检查教学质量。

　　全国高等学校建筑电气与智能化学科专业指导小组按照教育部高教司及住房城乡建设部人事司的要求，于 2009 年 8 月启动了《高等学校建筑电气与智能化本科指导性专业规范》的研制工作并成立编制小组。研制过程历经两届指导小组，多次听取各方面的意见和建议，反复研讨与修改，形成了本规范。现就规范的定位、专业知识领域、知识单元、知识点的划分与描述、课程体系等作如下说明：

　　1. 指导性专业规范定位

　　本规范是专业教育的基本要求，不是最高要求，在确定基本要求的基础上，各院校可根据需要自行增加教学内容，鼓励根据自身特点，办出特色，力求创新。

　　2. 知识领域、知识单元、知识点划分

　　本规范以制定专业最基本的内容并适当兼顾办学特色为原则构建知识领域、知识单元、知识点的体系结构，并对每个知识点的掌握程度进行了具体描述。规范不强调统一的课程设置，即知识领域和课程不一定一一对应。一门课程可以按照知识领域进行设置，也可以由若干知识领域中的部分知识单元组成；一个知识领域的知识单元的内容按知识点可以分布在不同的课程中。但最后形成的课程体系应当覆盖知识体系中的知识单元，尤其是必须"掌握"的知识点。知识点细化到什么程度，是规范制定中的一个难点。理论上，知识点应当是对知识最基本的刻画。本规范既考虑到学术界长期形成的对知识点描述的理解，以免引起不确定性和误解，也考虑了在编写形式上不要太繁琐。

　　3. 课程体系及核心课程

　　为了提高指导性和可操作性，专业规范给出了供参考的课程体系。这对创办历史不长的新专业是必要的。本专业的课程体系包括核心课程和选修课程，分别相应于核心知识单元和选修知识单元。专业规范要求课程体系中的核心课程实现对全部核心知识单元的完整覆盖，是建筑电气与智能化专业的核心知识单元（或知识点）的集合。遵循专业规范内容最小化的原则，这些核心知识单元（知识点）的集合是开办建筑电气与智能化专业的必备知识。核心课程应当受到各学校的充分重视。

参与规范编制的人员及分工如下：

任庆昌（西安建筑科技大学）负责编写序言（学科论述部分）、专业的现状及主要特点、专业发展战略、指导性专业规范编制原则等；寿大云（北京林业大学）负责编写专业的任务和社会需求、专业的发展历史与主要特点；张桂青（山东建筑大学）负责编写专业的相关学科；方潜生（安徽建筑工业学院）负责编写专业培养目标、专业人才培养规格；陈志新（北京建筑工程学院）负责编写专业知识体系的组成、大学生创新训练；王娜（长安大学）、王晓丽（吉林建筑工程学院）负责编写专业教学的知识领域、专业知识体系及其知识领域、知识单元和知识点；范同顺（北京联合大学）负责编写专业教育实践体系及专业实践教学体系（实践领域、实践单元和知识技能点）；李界家（沈阳建筑大学）负责编写专业课程体系；黄民德（天津城市建设学院）负责编写专业的基本教学条件；付保川（苏州科技学院）负责编写专业实践教学体系（部分）。全文由任庆昌负责统稿。

在规范形成过程中，编制小组进行了分工，每个成员花费了大量时间和精力进行调查研究，参考了许多院校教学改革的经验，听取了企业一线工程技术人员的意见，多次开会，数易其稿，先后召开 4 次专门的研讨会，交流经验，总结研制成果。除编制小组成员外，还有多所院校的专家应邀列席研讨会，他们提出了许多宝贵的意见和建议。先后参加此项工作的有：于军琪、段培永、韩宁、汪小龙、栾方军、马斌、郭彤颖、刘美菊、王俭、段晨东、刘西健、韩程浩、王琼泽、陈伟利、王佳、魏东、朱学莉、班建民、苏玮、杜明芳。本规范是本专业专家、教师集体智慧的结晶，是大家辛勤劳动的共同成果。

在规范制定过程中，编制小组力求尽可能地反映专家们的意见。由于能力水平所限，疏漏和错误在所难免，恳请同行专家不吝指正。

我们相信，根据认识—实践—再认识—再实践的发展规律，坚持与时俱进的精神，本专业规范将会在不断实践过程中得到进一步完善和提高，对我国建筑电气与智能化专业教育的发展起到积极推进和指导作用。

高等学校建筑电气与智能化学科专业指导小组
组长　方潜生
2013 年 1 月 15 日

目　　录

一、学科基础

(一) 建筑电气与智能化专业主干学科

学科（Discipline）是现代科学技术的一种分类方法，具有双重意义，分别对应着科学研究和教育（主要指工程教育）。专业（Specialty）是高等学校根据社会专业分工需要所分成的学业门类。专业以学科为依托和基础，处在学科体系与社会职业需求的交叉点上。专业一般由适用于某一专业需要的一个学科支撑或由若干学科中的部分内容构成。

教育部 1997 年《关于进行普通高等学校本科专业目录修订工作的通知》指出："专业主要应按学科划分，应用科学也可按工程对象、业务对象划分，但必须有明确的主干学科或主要学科基础"。

"建筑电气与智能化专业"是一个在土木工程学科背景下，研究以建筑物为载体的对电能的产生、传输、转换、控制、利用和对信息的获取、传输、处理和利用的专业。当今时代，如何在建筑物中实现信息的物化并加以有效利用尤为重要。

土木工程学科的发展需要借助于基础科学、材料科学、管理科学和电子技术、计算机技术、信息技术、自动控制技术等研究成果。作为土木类新增专业，"建筑电气与智能化专业"填补了土木类专业中缺少"电"的空缺，具有很强的学科交叉性。

建筑业中"电气"的内涵随着时代前进而不断发展变化，现阶段"建筑智能化"的出现使其内涵延伸到"电气＋信息"，与传统的建筑电气专业有本质不同。

根据 2012 年教育部《普通高等学校本科专业目录》，建筑电气与智能化本科专业（专业代码为 081004）与土木工程、建筑环境与能源应用工程、给排水科学与工程同属于工学门类的土木类专业。在国务院学位委员会颁布的研究生教育目录中，土木工程一级学科下设有岩土工程、结构工程、市政工程、供热供燃气通风及空调工程、防灾减灾工程及防护工程、桥梁与隧道工程、智能建筑环境技术、节能工程与楼宇智能化等二级学科（智能建筑环境技术、节能工程与楼宇智能化是自主设置二级学科，于国务院学位委员会备案）。

1. 专业任务和社会需求

建筑电气与智能化专业所涉及的科学技术是随着 20 世纪末智能建筑的兴起和世界范围的科技进步发展起来的。1984 年，美国联合技术建筑系统公司在康涅狄格州的哈特福德市改造了一幢旧建筑，在楼内铺设了大量通信电缆，增加了程控交换机和计算机等办公自动化设备，并将楼内的机电设备（变配电、供水、空调和防火等）均用计算机控制和管理，实现了计算机与通信设施连接，向楼内住户提供文字处理、语音传输、信息检索、发送电子邮件和情报资料检索等服务，实现了办公自动化、设备自动控制和通信自动化。这就是第一次被称为"智能建筑"（IB，Intelligent Building）的都市大厦（City Place）。此后美国、日本、欧洲、新加坡、马来西亚、韩国、中国香港、中国台湾地区等都曾相继掀起过建设智能化建筑的浪潮；20 世纪 90 年代初，中国"智能建筑"行业开始蓬勃发展。

智能化建筑是现代高科技成果的综合反映，是一个国家、地区科学技术和经济水平的综合体现之一。"智能建筑"是以建筑为载体，同时需要自动控制、通信、办公系统、计算机网络，以及为建筑服务的与能源、环境有关的各种建筑设备；不仅需要各种 IT 硬件，而且需要对整个建筑设备系统进行优化管理的软件。因此，智能建筑是多学科的交叉和融汇。目前我国智能建筑技术总体水平已接近 21 世纪的世界水平，即国际上最先进的智能建筑技术设施在中国建筑物中都有应用。然而，对我国"智能建筑"现状的调查表明，其智能化系统的无故障运行率、节能增效的实际情况与预期要求有较大差距。产生这些问题的主要原因之一是缺乏各个层次的智能建筑设计、施工建设、运行管理的专业化人才。由于智能建筑是多学科的交叉，而我国高等学校各相关专业培养的学生，不具备掌握以上跨学科知识的能力，专业人才的严重缺乏是阻碍我国智能建筑技术发展的重要原因。

进入 21 世纪，节能和环保是世界性的热门话题，也成为我国的基本国策。随着我国经济社会的快速发展和现代化、国际化、城镇化进程的加快，城乡居民生活水平日益提高，居住条件日益改善，建筑业在国民经济中的支柱地位得到进一步加强。为促进经济社会的可持续发展，建立资源节约型、环境友好型社会，实现国家确定的节能减排约束性指标，建筑节能将发挥越来越重要的作用。建筑领域是能源需求增长较快的领域，目前建筑能耗约占全社会总能耗的三分之一，随着工业化和城镇化速度的加快，这一比例还将上升。据调查，2007 年全国有 30％的新建民用建筑未按建筑节能标准建造，现有大型公共建筑单位面积耗电量过大，是普通公共建筑的 4 倍；全国集中供热采暖系统综合利用效率只有 45％～70％，远低于发达国家水平。由此可见，建筑节能潜力巨大，直接影响国家节能减排任务的实现。2008 年 8 月国务院发布了《民用建筑节能条例》和《公共机构节能条例》，并于 2008 年 10 月 1 日正式施行。中国在 2009 年 11 月 26 日正式对外宣布控制温室气体排放的行动目标，决定到 2020 年单位国内生产总值二氧化碳排放比 2005 年下降 40％～45％。国务院总理温家宝在 2009 年 11 月 25 日主持召开的国务院常务会议还决定，该行动目标将作为约束性指标纳入国民经济和社会发展中长期规划，并制定相应的国内统计、监测、考核办法。因此今后在保障新建建筑符合节能标准、促进既有建筑节能改造方面，任务更加繁重，专业人才更为紧缺。为了适应我国经济社会的快速发展和促进"推广绿色建筑，促进节能减排"目标的实现，急需设置相应的本科专业。该专业培养对象不但要掌握侧重于强电的建筑电气基本知识，还应具有适应于信息时代的弱电技术；专业定位不但是"建筑＋智能"，还要注意"建筑节能＋环保"；即定位于"建筑＋电气＋信息＋节能"。该专业承担着建筑电气与智能化系统设计、施工、运行、维护、管理的高级专业技术人员的培养任务，其人才数量和素质直接关系国家建筑节能事业的发展。为了适应社会主义市场经济和科学技术发展的需要，从 1993 年开始，许多高等学校在各级教育主管部门的指导下，相继涉足智能建筑领域教学内容和课程体系的改革与实践，从举办"智能建筑专业方向"，直到在 2006 年设立"建筑电气与智能化"新专业，取得了许多好的经验和成绩。根据举办"智能建筑专业方向"的高等学校反映，该专业方向的毕业生普遍供不应求。市场预测，今后建筑电气与智能化专业的毕业生在相当长的时期内有广泛的就业前景。

2. 建筑电气与智能化专业发展历史

建筑电气与智能化高等教育随着国家科学技术和经济水平的发展其内涵不断丰富。20世纪90年代之前的建筑物，其电气设备主要是变配电、灯光照明等强电设备。1977年，国家恢复高考，很多建筑类院校开设了和建筑物强电有关的专业。如哈尔滨建筑工程学院1978年开设了"建筑工业企业自动化"本科专业；西北建筑工程学院1978年开设了"建筑电气"专业，1994开设了"电气技术"专业。1998年教育部进行新一轮专业目录调整，上述专业更名为"电气工程及其自动化"专业或"自动化"专业。

20世纪90年代之后，建筑物增加了很多系统和设备，形成所谓智能型建筑。建筑智能化的诸多系统和设备都离不开强电系统和弱电系统，随着建筑物智能化程度不断提高，尤其是弱电系统的地位、技术水平和投资额的不断提高，从1998年开始，许多高等学校（尤其是建筑类院校）相关专业（主要是自动化、电气工程以及计算机应用技术、电子信息工程、通信工程等）开设了与智能建筑相关的专业方向（一般称之为"楼宇自动化技术方向"或"智能建筑技术方向"）。

1997年由哈尔滨建筑工程学院、重庆建筑工程学院和沈阳建筑工程学院牵头承接了原建设部面向21世纪教改项目"楼宇自动化系列课程教学内容改革的研究与实践"，使众多高等学校联合起来，共同研究、探讨、交流对现行的知识结构、课程设置改革和系列化建设的经验和措施。通过其后长期的实践取得了宝贵经验，并获得丰硕的成果。

进入21世纪，面对社会经济发展的新形势，我国高等教育开展了新一轮本科学科专业结构调整工作。教育部2001年发布了《关于做好普通高等学校本科学科专业结构调整工作的若干原则意见》，文件指出："鼓励高等学校积极探索建立交叉学科专业，探索人才培养模式多样化的新机制。跨学科设置交叉学科专业是培养和发展新兴学科的重要途径，也是国际上许多发达国家本科专业建设的共同趋势。鼓励有条件的高等学校打破学科壁垒，在遵循学科专业发展规律和人才培养规律的基础上，积极开展跨学科设置本科专业的实验试点，整合不同学科专业的教学内容，构建教学新体系"，教育部的文件给智能建筑学科教学改革和专业结构调整指明了方向。

建筑智能化是一个新的技术领域，也是学科和专业建设的一个新领域，因此有一个权威性的专家组织引导该学科领域发展的方向非常重要，同时也能为从事该领域教学工作的教师提供一个相互学习、交流、提高的机会。为此，经建设部批准，2001年8月成立了"高等学校建筑环境与设备工程专业指导委员会智能建筑指导小组"（简称"智能建筑指导小组"）。智能建筑指导小组的成立是深化教育改革的结果，为积极探索建立交叉学科专业，探索人才培养模式多样化的新机制提供了有力的保证。

智能建筑指导小组成立后组织过多次"智能建筑"教学研讨会。教学研讨会详细讨论了本专业的培养目标、业务培养要求、教学大纲、教学计划、主要课程、实践性教学环节、专业实验以及教材建设等，先后组织编写了两套关于建筑智能化的系列教材（其中一套为普通高等教育土建学科专业"十一五"规划教材），为申请设置"建筑电气与智能化"

专业作了深入细致的准备工作。

在高等学校推进智能建筑本科教育的同时，普通高等学校高职高专智能建筑学科教育也得到发展，教育部在 2004 年设立了"楼宇智能化工程技术"专业和"建筑电气工程技术"专业。

根据原建设部人事教育司的指示，智能建筑指导小组于 2004 年 5 月在北京召开了"建筑智能化专业及学科建设研讨会"，专门讨论了本专业的设置问题。2004 年 11 月智能建筑指导小组在广州举行了工作会议，讨论提出申请设置"建筑电气与智能化"本科专业的报告，包括设置"建筑电气与智能化本科专业"的理由及人才需求分析；建筑电气与智能化专业本科教育（四年制）培养目标和毕业生基本规格；建筑电气与智能化专业本科（四年制）培养方案；建筑电气与智能化专业建设与学科建设的关系；建筑电气与智能化专业本科（四年制）设置基本条件。

智能建筑指导小组于 2005 年 4 月向教育部提交了《关于普通高等学校设置建筑电气与智能化本科专业请示报告》。报告认为，目前设置"建筑电气与智能化"本科专业的时机已经成熟，我国许多高等学校都有土建学科专业设置，在工学的土建类（二级类）中含有 5 个专业：建筑学、城市规划、土木工程、建筑环境与设备工程、给水排水工程。在建筑物的规划、设计、施工、使用以及维护的全过程，通常涉及城市规划、建筑学、结构、水、暖、气（汽）、电等工程领域，除了"电"以外，其他工程领域均已被上述 5 个专业所涵盖。申请设置"建筑电气与智能化专业"将填补土建类专业无"电"的空缺。2005年底教育部批准设置"建筑电气与智能化"专业（专业代码 080712S），并于 2006 年开始招生。2012 年 10 月，教育部正式批准设置"建筑电气与智能化"专业（专业代码081004），截止 2012 年底全国已有 43 所高校设置该专业，在校生近 4000 人。

智能建筑指导小组根据住房城乡建设部人事司的指示，于 2009 年 8 月启动了《建筑电气与智能化专业规范》（简称《专业规范》）的编制工作，成立了智能建筑指导小组《专业规范》编制组。编制组组织全体成员学习了教育部高教司颁布的《高等学校理工科本科指导性专业规范研制要求》等文件，经过长达 3 年多的编写，于 2012 年 10 月完成了《建筑电气与智能化专业规范》报批稿。《建筑电气与智能化专业规范》是本专业教学质量标准的一种表现形式，是对本专业教学质量的最低要求，主要规定了本专业本科学生应该学习的基础理论、基本知识、基本技能。

3. 专业主要特点

本专业是在原建筑电气、电气自动化等专业基础上，增加了新的内涵而逐步发展起来的，以现有名称创办专业的历史较短，并具有"交叉学科专业"和培养"复合型人才"的特点。专业指导小组和各院校关心和研究的主要问题是"建筑电气与智能化专业人才培养方案"、"教学内容和课程体系建设研究与实践"、"加强专业人才培养实践教学环节的主要措施"等。

目前，建筑电气与智能化专业尚未建立专业评估制度，有待逐步创造开展专业评估的条件，使专业走上规范、成熟的发展轨道。

4. 专业发展战略

根据国家《中长期教育改革和发展规划纲要》的要求，今后若干年内建筑电气与智能化专业要注重提高人才培养质量，加强实验室、校内外实习基地、课程教材等教学基本建设，深化教学改革，强化实践教学环节，推进创业教育，全面实施高校本科教学质量与教学改革工程。

1）满足社会对建筑电气与智能化高级专门人才的需求

今后相当长一个时期，全球人口压力将持续增长，我国城市化进程具有巨大发展空间，基础设施投资规模不断扩大，现代建筑与信息技术的结合越来越紧密，这将对建筑电气与智能化专业人才需求不断提出新的挑战。工程建设需要大量设计、施工、研究、开发、管理等方面的人才。因此，必须及时跟踪行业发展需求，整合教学内容、更新知识体系，不断开拓新的课程。

2）重视大学生实践能力，突出创新意识、创新思维、创新能力的培养

"创新是民族进步的灵魂，是一个国家兴旺发达的不竭动力"。举办建筑电气与智能化专业的各高校需不断完善培养方案，优化教学计划，在理论教学和实践训练之间找好结合点。加强学生实践能力的训练，把实验、实习、课程设计、毕业设计等实践环节作为传授知识、训练技能和培养创新能力的载体。今后一个时期，有必要在中青年教师创新实践能力的提高、校内外实践基地建设与管理、创新平台的建设与完善等方面不断加强、有所突破。

3）规范建筑电气与智能化专业的高校在硬件和软件两个方面的建设

建筑电气与智能化专业是 2006 年开设的，多数学校在实验室、图书资料、师资建设等方面尚有较大缺口，专业教育管理经验不足，其中还有一些学校没有土建类专业的支撑。今后一个时期，建筑电气与智能化专业指导小组需要搭建更多的交流平台，加强指导，使绝大多数学校能尽快满足办学和今后专业评估标准的基本要求，办出特色。

4）鼓励在宽口径基础上办好建筑电气与智能化专业

建筑电气与智能化专业主要是为建筑领域培养具有信息技术基础的复合型人才，其教学内容涉及跨学科的知识。今后一段时间内，需要按照国家专业设置的要求强化宽口径建筑电气与智能化专业的建设，以满足国家经济建设对人才的需求。

5）加强特色专业和精品课程、规划教材的建设

专业指导小组要以与国际工程教育接轨为目标，进一步加强国际合作交流，在优势特色专业建设上进行培育和指导。各个学校要在团队建设的基础上加强对专业基础课和专业课的建设力度。专业指导小组也要引导、配合教材出版社组织编写更多宽口径、与课程体系密切衔接的优秀系列教材。

5. 建筑电气与智能化指导性专业规范制定的原则

1）本专业规范遵循四项原则。（1）"多样化与规范性相统一的原则"，既坚持统一的专业标准，又允许学校多样性办学，鼓励办出特色；（2）"拓宽专业口径原则"，主要体现在专业规范按照宽口径的专业基础知识要求构建核心知识；（3）"规范内容最小化原则"，

体现在专业规范所提出的核心知识和实践技能占用总学时比例尽量少，为学校留有足够的办学空间，有利于推进教学改革；（4）"核心内容最低标准原则"，主要是指本专业规范面向大多数高校的实际情况提出基本要求，不要求所有学校执行的标准完全相同。

2）本专业规范淡化课程的概念，强调核心加选修的知识结构。专业教学由知识领域、知识单元和知识点三个层次组成，这种表达方式更多地强调了学生的知识结构是由知识构成而不是课程。每个知识领域包含若干个知识单元，它们分成核心知识单元和选修知识单元两种。核心知识单元是本专业知识体系的最小集合，是专业必修的最基本内容。选修知识单元体现了建筑电气与智能化专业的扩展要求和各校不同的特色。每个知识单元又包括若干个知识点，知识点是专业规范对专业知识要求的基本单元和基本载体。对于知识点的具体要求，用"掌握"、"熟悉"、"了解"来表达。

3）规范允许、也鼓励各校根据本校情况自行设计课程体系。专业规范的表达形式和实施方法与传统的开课规定有本质区别。课程设置是高等学校的办学自主权，也是体现办学特色的基础。因此，专业规范不规定学校必须采用的课程体系，也不规定完成全部教学任务相应的学时和学分，因为在不同的学校，完成全部教学任务所需要的学时和学分可能是不同的。各校要结合实际构建本校的课程体系，并覆盖这些核心知识点和技能点。因此，根据本校专业方向的设置、师资的结构和水平、学生的基础等自行设计课程体系和教学计划，是非常必要的。专业规范从专业基础课到专业课，从理论教学到实践教学，都有选修知识供选择。这些选修知识可用于对核心知识的扩展，可以增加新的知识单元和知识点，由各校自行掌握。

（二）建筑电气与智能化专业的相关学科

根据人才培养所需要的知识结构，建筑电气与智能化专业属于"交叉学科专业"，具有包容多类专业技术人才的特征。其相关学科、专业如下：

1. 电气工程及其自动化（080601）

电气工程及其自动化专业属于工学门类的电气类专业。该专业特点是强弱电结合、电工技术与电子技术相结合、软件与硬件结合、元件与系统结合。学生主要学习电工技术、电子技术、信息控制、计算机技术等方面较宽广的工程技术基础和一定的专业知识。

该专业培养能够从事与电气工程有关的系统运行、自动控制、电力电子技术、信息处理、试验分析、研制开发、经济管理以及电子与计算机技术应用等领域工作的高级工程技术人才。

2. 计算机科学与技术（080901）

计算机科学与技术专业属于工学门类的计算机类专业。计算机是人类 20 世纪的伟大发明，引领着当代信息技术的发展。学生主要学习计算机科学与技术的基本理论、基本知识，接受从事研究与应用计算机的基本训练，具有研究和开发计算机系统的基本能力。

该专业培养具有良好的科学素养，能在科研部门、教育单位、企业、事业、技术和行政管理部门等单位从事计算机科学与技术领域教学、科学研究和应用的高级科学技术人才。

3. 自动化 (080801)

自动化专业属于工学门类自动化类专业。自动化专业涵盖领域包括运动控制、工业过程控制、电力电子技术、检测与自动化仪表、电子与计算机技术、信息处理、管理与决策等。学生主要学习电工技术、电子技术、控制理论、自动检测与仪表、信息处理、系统工程、计算机技术与应用和网络技术等较宽广领域的工程技术基础和一定的专业知识。

该专业培养能够在自动化专业领域从事系统分析、系统设计、系统运行、科技开发及研究等方面工作的高级工程技术人才。

4. 通信工程 (080703)

通信工程属于工学门类的电子信息类专业。学生主要学习通信系统和通信网方面的基础理论、组成原理和设计方法,受到通信工程实践的基本训练,具备从事现代通信系统和网络的设计、开发、调试和工程应用的基本能力。

该专业培养具备通信技术、通信系统和通信网等方面的知识,能在通信领域中从事研究、设计、制造、运营及在国民经济各部门和国防工业中从事开发、应用通信技术与设备的高级工程技术人才。

5. 建筑环境与能源应用工程 (081002)

建筑环境与能源应用工程属于工学门类的土木类专业,研究建筑物理环境、环境控制系统、建筑设备系统方面的基本理论和应用。学生主要学习传热与传质、流体力学与流体机械、工程热力学、计算机、电工、电子、机械、建筑环境等技术基础理论知识,具有一定的室内环境及设备系统测试、调试及运行管理的能力。

该专业培养具备室内环境设备系统及建筑公共设施系统的设计、安装调试、运行管理及国民经济各部门所需的特殊环境控制研究开发的基础理论及能力,能在设计研究院、建筑工程公司、物业管理公司及相关的科研、生产、教学单位从事工作的高级工程技术人才。

二、专业培养目标

本专业培养适应社会主义现代化建设需要,德、智、体全面发展,素质、能力、知识协调统一,掌握电工电子技术、计算机技术、控制理论及技术、网络通信技术、建筑及建筑设备、建筑智能环境学等较宽领域的基础理论,掌握建筑电气控制技术、建筑供配电、建筑照明、建筑设备自动化、建筑信息处理技术、公共安全技术等专业知识和技术,基础扎实、知识面宽、综合素质高、实践能力强、有创新意识、具备执业注册工程师基础知识和基本能力的建筑电气与智能化专业高级工程技术人才。

毕业生能够从事工业与民用建筑电气及智能化相关的工程设计、工程建设与管理、系统集成、信息处理等工作,并具有建筑电气与智能化技术应用研究和开发的初步能力。

三、培养规格

本专业培养具有工程设计和技术开发与应用能力的建筑电气与智能化专业人才。毕业生应具有较扎实的自然科学基础知识、较好的管理科学、人文社会科学知识和外语应用能力；具有较宽广领域的工程技术基础和较扎实的专业知识及其应用能力；在知识、能力和素质诸方面协调发展，体现出人才培养的宽口径、复合型、创新型和应用型。

建筑电气与智能化专业本科学制一般为4年。对符合相应知识、能力和素质要求的毕业生可授予工学学士学位。

（一）素质结构要求

1. 思想道德素质

政治素质：坚持四项基本原则，拥护中国共产党的领导，热爱祖国；掌握社会发展及其规律的基础知识；有正确的政治立场、观点和信仰。

思想素质：初步掌握辩证唯物主义、历史唯物主义的基本观点，善于从相互联系、发展和对立统一中去观察、分析、解决问题，树立积极向上的世界观、人生观和价值观。

道德品质：应具有社会主义道德品质和文明的行为习惯，继承中华民族优良传统的道德观念，具有敬业精神和职业道德。

法制意识：做遵纪守法的社会公民，具有较强的法制意识和观念，以法律为准绳，依法办事。

诚信意识：诚信做人、做事、做学问。

团队意识：具有协调配合的团队精神和能力。

2. 文化素质

文化素养：具有中华文化传统美德，传承和弘扬伟大的民族精神。具有一定的人文科学（文、史、哲等）知识，了解中国传统文化，对中外历史有一定的了解。

文学艺术修养：具有一定的音乐、美术、艺术的鉴赏力。

现代意识：具有创新意识、竞争意识等。

理性意识：有自我控制能力，理性地处理生活、工作和学习中发生的各项事情。

人际交往意识：富有合作精神，善于与人交往。

3. 专业素质

1）科学素质

科学思维方法：有较强的逻辑思维、辩证思维、形象思维的能力，有理性的批判意识，尊重客观事物发展的、科学的、务实的思维方法。

科学研究方法：较好地掌握建筑电气与智能化及相关技术的科学研究方法。

求实创新意识：具有创新意识和创新精神。

科学素养：求真务实，具有理性的批判意识，了解自然科学的重要发现和主要进展。

2）工程素质

工程意识：具有工程规范和标准意识、实践意识、质量意识、节约资源和保护环境的意识，善于从实际出发解决工程问题。

综合分析素养：具有分析和解决实际工程问题的能力，能较快地分析和处理实际工作中遇到的相关技术问题。

价值效益意识：在科技开发和工程实践中具有市场意识和价值效益意识。

革新精神：敢于革故鼎新，在实践中敢于且善于使用新技术、新理论、新观点和新思想。

4. 身心素质

身体素质：健康的身体，良好的体魄。

心理素质：具有健康的心理素质，正确的自我认识，良好的人际关系，健全的人格，良好的环境适应能力。培养优良的气质与性格，坚强的意志，坚韧不拔的毅力。

（二）能力结构要求

1. 获取知识能力

自学能力：具备自主的学习能力，高效科学的学习方法。具有终身学习的观念。

交流能力：具有良好的专业知识书面表达和口头交流能力；基本的外语交流能力；良好的社交能力和协调事务能力。善于与他人合作，待人谦和。

文献检索能力：具有基本的资料搜集、文献检索能力，善于从不同的渠道搜集、检索信息。

2. 应用知识能力

综合应用知识能力：基础理论扎实，能较好地运用所学的知识分析和解决实际问题。

综合实验能力：能熟练使用常用的实验仪器，具有实验原理的迁移能力和实验方案的设计与选择能力。

工程综合实践能力：能综合运用所学理论知识，分析和解决实际工程问题。在综合类实习、实验中具有较强的独立设计、分析和调试系统的能力。

3. 创新能力

创新思维能力：思路开阔，具有较好的创新意识。

创新实践能力：能在实践环节中，探索、验证已有的结论，具备较强的自主设计实验的能力。

科研开发研究能力：具有初步的科研能力和应用技术开发能力，具有较强的钻研精神及接受新理论、新知识和新技术的能力。

（三）知识结构要求

1. 工具性知识

外语：具有一定的本专业外文书籍和文献资料的阅读能力。能正确撰写专业文章的外文摘要。能使用外文进行一般性交流。

计算机：熟练掌握本专业需要的各类计算机技术的相关知识。

信息技术应用和文献检索：熟练掌握用互联网进行各种信息收集和利用的方法，具备一定的综合文献资料的能力。

方法论：了解科学研究的基本方法。

科技方法：较好地掌握常用的计算方法、演绎推理法、数学归纳法等。在工作和研究中具备科学严谨的学术作风。

科技写作：能较好地总结和归纳实验、课程设计等教学环节中所做的工作。能正确撰写文献综述、毕业设计论文。

2. 人文社会科学知识

文学：阅读一定数量的文学名著，了解一些中外著名的文学作家和代表性作品。能通过文学著作品味人生、了解社会、提高文学表达水平。

哲学：系统地学习马克思主义哲学，掌握唯物辩证法的基本思想。具有从哲学角度看待世界、分析问题的视野，有马克思主义的立场、观点和方法。

思想道德：学习和继承中华民族传统的道德观念和优秀的道德品质。

政治：能系统地理解毛泽东思想、邓小平理论、"三个代表"重要思想、科学发展观的主要内容，并联系实际，深刻领会，自觉实践。

法学：具有系统的法律基本知识。能做到自觉遵纪守法，不违法，同时也能利用法律维护自己的权益。

心理学：具有基本的心理学知识，了解大学生的基本心理特征，能够进行自我心理调整。

体育：养成科学锻炼身体的良好习惯，保持健康的体魄，达到国家规定的大学生体育锻炼标准，能承担社会主义建设的重任。

军事知识：掌握基本的军事知识，接受必要的军事训练，能承担保卫祖国的光荣任务。

3. 自然科学知识

数学：具有较系统的高等数学和工程数学等知识。基本概念清楚，推导演算熟练。在专业课程的学习中，能灵活运用所学的数学知识。

物理学：具有系统的大学物理知识。概念清楚，理论较扎实，实验技能强。

化学：具有大学化学的初步知识。

环境科学：具有节约资源、保护环境的意识和基本知识。

4. 工程技术知识

工程制图与机械学：了解机械学科中最基本的原理和方法，具有机械制图的基本知识。掌握建筑CAD制图技术，能读懂、绘制一般的建筑电气工程图纸。

电工电子学：具有电路理论、模拟和数字电子技术等系统知识。比较熟练地掌握常用电子电路的原理和分析方法，能分析较复杂的电子电路，具有设计、调试电子电路的能力。

计算机技术：具有一定的计算机软硬件知识、程序设计技术及单片机、嵌入式系统等知识，掌握网络技术和数据库技术。掌握利用计算机对系统进行控制和管理的初步知识。

信息技术：具有信号检测、通信、信号处理和利用信息的知识。

工程实践：熟悉工程中常用物理量的检测方法，了解和掌握一定的工程实践技能。

5. 经济管理知识

经济学：基本掌握马克思主义政治经济学的基本概念、基本原理、基本方法，能正确认识社会主义市场经济体制下的经济规律，掌握建筑经济的基本知识。

管理学：具有一定的管理学基础知识。

6. 专业知识

专业基础知识：系统地掌握本专业领域的基础理论知识，主要包括电路理论、电子技术基础、控制理论、信息处理、计算机软硬件基础、网络通信原理等知识。理论基础比较扎实。

专业知识：掌握建筑智能环境学的基础知识，掌握建筑电气和建筑智能化技术的专业知识，了解有关工程与设备的主要规范与标准，本专业科技发展的新动向。具有进行工业与民用建筑电气及智能化工程设计、系统集成、施工管理、技术经济分析、测试和调试的基本能力。动手能力较强。具备从事工业、企事业单位中相关工作的能力。

四、专业教学内容

（一）专业知识体系

1. 专业知识体系的组成

1）知识体系设计的原则依据

建筑电气与智能化专业人才的培养总体上要体现素质教育、专业知识传授、应用能力和培养协调发展的原则。素质是人才培养的基础，专业知识是人才培养的载体，应用能力是人才培养的核心。应用能力需要通过专业知识的传授和必要的实践环节来培养。要遵循教育和教学的基本规律，学生素质的提高、应用能力的培养是在一个循序渐进、系统知识体系的传授中逐渐培养出来的。学生通过系统的专业知识学习和实践，掌握专业的基本理论和技能，掌握科学方法论，培养工程设计、工程管理和系统集成能力，建立工程规范和标准的意识。学生在获取知识的过程中形成良好的学习和工作习惯，达到一个优秀工程技术人员应具有的素质和能力。

知识体系设计的原则依据是：

（1）遵循教育、教学的基本规律；

（2）贯彻终身学习、素质教育和创新教育的理念；

（3）按照德、智、体、美全面发展的教育方针，素质、知识和能力协调统一的原则；

（4）遵循理论联系实际的教育原则；

（5）根据交叉学科和应用学科的特点，贯彻基础扎实、技术先进实用、知识全面并注重实践的原则；

（6）符合建筑电气与智能化专业的特点：以建筑为平台，建筑设备与建筑环境为"对象"，应用电气技术、自动化技术和信息技术，实现建筑设备自动化，使建筑环境达到安全、舒适、节能、环保的目标。

2）知识体系的总体框架

知识体系由四部分组成：

（1）工具性知识

（2）人文社会科学知识

（3）自然科学知识

（4）专业知识

各部分所包含的知识领域见表1-1。

建筑电气与智能化专业知识体系和知识领域　　　　　　　　表 1-1

序号	知识体系	知识领域
1	工具性知识	外国语
2	人文社会科学知识	政治、历史、哲学、法学、社会学、经济学、管理学、心理学、体育、军事
3	自然科学知识	工程数学、普通物理学
4	专业知识	工程技术基础、电路理论与电子技术、电气传动与控制、检测与控制、网络与通信、计算机应用技术、建筑设备、土木工程基础、建筑智能环境学、建筑电气工程、建筑智能化工程、建筑节能技术

2. 有关建筑电气与智能化专业的专业教学知识领域

建筑电气与智能化专业的专业知识体系涉及 12 个知识领域：

1）电路理论与电子技术

2）电气传动与控制

3）检测与控制

4）网络与通信

5）计算机应用技术

6）建筑设备

7）土木工程基础

8）建筑智能环境学

9）建筑电气工程

10）建筑智能化工程

11）工程技术基础

12）建筑节能技术

以上 12 个知识领域包含的核心知识单元及选修知识单元如表 1-2 所示。

建筑电气与智能化专业知识领域和知识单元　　　　　　　　　　表 1-2

序号	知识领域	核心知识单元	选修知识单元
1	电路理论与电子技术	电路理论	
		模拟电子技术	
		数字电子技术	
2	电气传动与控制		电机与拖动基础
			电力电子技术
		电气控制技术	
3	检测与控制		信号与系统
		自动控制原理	
			检测技术与过程控制
4	网络与通信		通信原理概论
		计算机网络与通信	
		控制网络与协议	
5	计算机应用技术	计算机原理及应用	
			计算机控制技术
			程序设计语言（C 语言）
			面向对象程序设计
			数据库基础与应用
6	建筑设备	建筑给排水	
		暖通空调	
			热水与燃气供应
			建筑电气基础
7	土木工程基础		房屋建筑学
			土木工程概论
8	建筑智能环境学	建筑环境基础知识	
		建筑智能环境与建筑智能环境学	
		建筑智能环境要素	
		建筑智能环境的理论基础	
		建筑环境评价要素	
		控制理论的基本原理及方法	
		建筑智能环境的控制原理及方法	
		信息理论的基本原理及方法	
		建筑智能环境的信息原理及方法	
		系统理论的基本原理及系统工程方法	
		建筑智能环境系统要素	
		建筑智能环境的系统原理及方法	

续表

序号	知识领域	核心知识单元	选修知识单元
9	建筑电气工程	建筑供配电系统	
		建筑照明系统	
		电气安全	
			建筑电气工程设计
			电梯控制技术
10	建筑智能化工程	建筑设备管理系统 （或建筑设备自动化系统）	
		建筑物信息设施系统	
		公共安全技术	
			信息化应用系统
		建筑智能化系统集成技术	
			住宅小区智能化系统
11	工程技术基础	工程制图	
			工程力学与机械基础
			工程经济与管理
			建筑电气工程安装与预算
			建筑电气CAD
12	建筑节能技术		建筑规划与设计节能技术
			建筑施工节能技术
		暖通空调节能技术	
		建筑电气节能技术	
		建筑智能化节能技术	
		绿色/生态建筑节能与环保技术	

核心知识部分是建筑电气与智能化专业的核心知识单元（或知识点）的集合。遵循专业规范内容最小化的原则，该核心知识单元（点）的集合是各高校举办建筑电气与智能化专业的必备知识。

专业规范在核心知识以外，留出选修知识单元供各校作为教学改革及学生自主学习，以体现各校的不同特色。

每个知识单元的学习目标、所包含的知识点及其所需的最少参考学时见附件一。

（二）专业教育实践体系

本专业实践教学体系包括各类实验、实习、设计和社会实践以及科研训练等多种领域和形式；包括非单独设置和单独设置的基础、专业基础和专业实践教学环节。对每一个实践环节都有相应的知识点和相关技能要求。

实践体系分实践领域、实践知识与技能单元、知识与技能点三个层次。

通过实践教育，培养学生具有（1）实验技能；（2）工程设计和施工的能力；（3）科学研究的初步能力等。

14

实验包括：

基础实验：普通物理实验等；

专业基础实验：电路实验、电子技术实验、自动控制原理实验、计算机原理及应用实验、计算机网络与通信实验、建筑智能环境学实验等；

专业实验：建筑供配电与照明实验、建筑电气控制技术实验、建筑设备自动化系统实验、建筑物信息设施系统实验、公共安全技术实验等；

研究性实验：这部分可作为拓展能力的培养，不做统一要求。

实习包括：

课程实习、认识实习、生产实习、毕业实习等。

设计包括：

课程设计和毕业设计（论文）。

每个实践环节的学习目标、所包含的技能点及其所需的最少实践时间见附件二。

（三）大学生创新训练

大学生创新训练应在学校的整个教学和管理过程中贯彻和实施，包括：

1）课堂知识教育中的创新；

2）以实践环节为载体，在实验、实习、课程设计和毕业设计中体现创新；

3）开设与创新思维、创新能力培养和创新方法相关的课程和讲座；

4）提倡和鼓励学生参加科技创新活动。

以知识传授和实践环节为载体的创新，可结合知识单元、知识点融入创新点或创新的教学方式，强调大学生创新思维、创新方法和创新能力的培养，提出创新思维、创新方法、创新能力的训练目标，构建成为创新训练单元。新开设的创新专门课程可请大师或专家采用讲座、授课或讨论等多种方式进行。学生的科技创新活动可在专业老师的指导下进行，如参加电子设计竞赛、智能建筑工程实践技能大赛等。创新活动形式多样，以培养学生知识、能力、素质综合发展能力和创新能力。

五、专业课程体系

以专业规范所提出的目标建立人才培养计划及课程体系，制定所需完成的教学任务和相应的学时、学分。课程体系覆盖核心知识点和技能点，同时也给出供学生选修的课程。

一门课程可以包含取自若干个知识领域的知识单元的知识点。一个知识领域的知识单元的内容按知识点可以分布在不同的课程中，但要求课程体系中的核心课程实现对全部核心知识单元的覆盖。

专业规范推荐的课程体系内容：

1）本专业的课程体系：核心课程和选修课程。

2）各课程的最少学时数和实验学时（见附件一）。

（一）课程体系结构

建筑电气与智能化专业的课程体系由人文社科课程、公共基础课、专业基础课、专业课以及实践环节五部分组成，课程体系结构如图1-1所示。

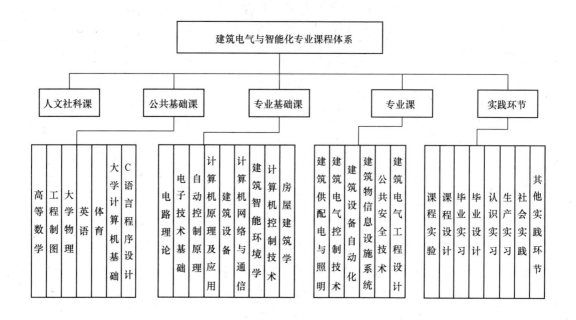

图 1-1　课程体系结构图

（二）核心课程

核心课程分专业基础核心课程和专业核心课程两部分，见表1-3。

表 1-3

核　心　课　程

课程类别	课程名称	知识领域	主要内容	推荐理论学时	推荐实验学时
专业基础核心课程	电路理论	电路理论与电子技术	1. 电路模型及定律； 2. 电路的等效变换； 3. 电阻电路的分析； 4. 电路定理； 5. 动态电路分析； 6. 正弦稳态电路分析； 7. 耦合电感电路； 8. 三相电路； 9. 电路方程的矩阵形式； 10. 二端口网络； 11. 非线性电路	78	10

课程类别	课程名称	知识领域	主要内容	推荐理论学时	推荐实验学时
专业基础核心课程	电子技术基础	电路理论与电子技术	1. 基本放大电路； 2. 反馈放大电路； 3. 功率放大器； 4. 集成运算放大器； 5. 整流、滤波电路； 6. 稳压电路； 7. 门电路； 8. 组合逻辑电路； 9. 时序逻辑电路； 10. 脉冲波形的产生和整形	90	14
	自动控制原理	检测与控制	1. 自动控制系统基本概念； 2. 数学模型； 3. 时域分析法； 4. 根轨迹分析法； 5. 频域分析法； 6. 系统校正； 7. 非线性系统	52	12
	计算机原理及应用	计算机应用技术	1. 计算机硬件结构； 2. 指令系统； 3. 程序设计； 4. 输入/输出接口； 5. 定时/计数器； 6. 串行通信接口； 7. 中断系统及应用； 8. 人机接口电路	44	4
	建筑设备	土木工程基础、建筑设备	1. 给水排水设备； 2. 供暖设备； 3. 通风设备； 4. 空调系统； 5. 热水供应系统	28	
	计算机网络与通信	网络与通信	1. SIO 的 OSI 七层模型的结构及其工作机制； 2. 广域网的构成和工作原理； 3. 局域网的组成及特点； 4. TCP/IP 协议； 5. IP v6 协议； 6. SNMP 网络管理； 7. 网络系统的构造及工作原理	40	8
	建筑智能环境学	建筑智能环境、建筑智能化工程、建筑设备、检测与控制、计算机应用技术	1. 建筑环境基础； 2. 建筑智能环境及其要素； 3. 建筑智能环境控制原理及方法； 4. 建筑智能环境信息原理及方法； 5. 建筑智能环境系统原理及方法	62	10

课程类别	课程名称	知识领域	主要内容	推荐理论学时	推荐实验学时
专业核心课程	建筑供配电与照明	建筑电气工程、建筑节能技术、工程技术基础、土木工程基础	1. 建筑供配电系统 1）建筑供配电系统负荷及短路电流计算； 2）变配电所及其一次系统； 3）变电所二次回路及自动装置； 4）供配电系统的继电保护。 2. 建筑照明系统 1）灯具的基本特性及选择原则； 2）照度的计算方法； 3）照明电气设计及节能控制技术。 3. 电气安全 1）供配电系统的电气安全防护； 2）建筑物的雷击防护	64	8
	建筑电气控制技术	电气传动与控制、建筑电气工程、建筑设备	1. 继电接触器控制线路的基本环节； 2. 电气控制线路分析； 3. 电气控制线路设计； 4. 可编程序控制器； 5. PLC控制系统的设计； 6. 建筑电气控制系统设计与安装	36	4
	建筑设备自动化系统	电气传动与控制、检测与控制、网络与通信、计算机应用技术、建筑设备、建筑智能化工程、建筑节能技术	1. 建筑设备自动化系统组成； 2. 系统服务功能与网络结构； 3. 建筑设备自动化集成管理系统（空调系统、给水排水系统、供配电照明系统、电梯系统）； 4. 建筑设备自动化系统节能技术； 5. 建筑设备自动化系统工程设计	42	8
	公共安全技术	检测与控制、网络与通信、建筑智能环境、计算机应用技术、建筑智能化工程	1. 公共安全系统； 2. 安全技术防范系统； 3. 火灾自动报警系统； 4. 应急联动系统； 5. 消防联动系统； 6. 消防—建筑设备联动系统； 7. 公共安全系统集成技术； 8. 城市区域联网安防系统	30	6
	建筑物信息设施系统	网络与通信、计算机应用技术、建筑智能化工程	1. 电话交换系统； 2. 综合布线系统； 3. 广播系统； 4. 视频会议系统； 5. 有线电视及卫星电视接收系统； 6. 信息网络系统； 7. 数据中心； 8. 建筑智能化系统集成技术	30	6

（三）选修课程

推荐选修课程见表1-4。

课程名称	知识领域	推荐理论学时	推荐实验学时
电机与拖动基础	电路理论与电子技术、电气传动与控制	56	8
电力电子技术	电气传动与控制	28	4
计算机控制技术	计算机应用技术、电气传动与控制、检测与控制	32	8
嵌入式系统及应用	计算机应用技术	32	8
检测技术与过程控制	检测与控制、计算机应用技术	32	6
系统工程概论	检测与控制	32	
房屋建筑学	土木工程基础	24	
建筑工程项目管理	工程技术基础	24	
建筑电气 CAD	工程技术基础	24	8
信息化应用系统	计算机应用技术、网络与通信	32	8
土木工程概论	土木工程基础	24	
智能小区规划与设计	建筑智能化工程	32	
建筑电气工程设计	建筑电气工程、建筑智能环境、工程技术基础	32	
现代控制理论	检测与控制	24	
控制网络技术	网络与通信、计算机应用技术	32	
信号与系统	检测与控制	32	4
通信原理概论	网络与通信	32	
图像处理技术	计算机应用技术、检测与控制	24	
智能控制理论	检测与控制	32	
数据库基础与应用	计算机应用技术	24	8
电梯控制技术	建筑电气工程、检测与控制	28	4
面向对象的程序设计	计算机应用技术	32	8
建筑智能化系统集成技术	建筑电气工程、建筑智能化工程	24	
建筑节能技术	建筑节能技术、建筑智能环境	24	
专业外语	建筑电气工程、建筑智能化工程、建筑智能环境	32	

说明：

确定课程体系的指导原则是确保专业基础，发挥特色，扩展专业领域，强调宽口径、多样化、重基础、重实践的教学方针。

（1）人文社科类课程、公共基础类课程的设置按教育部有关规定执行。

（2）核心课程是必须开设的课程，必须涵盖表 1-3 的内容。

（3）各校可根据实际情况选择选修课，灵活安排所侧重的教学内容，体现各校专业特色。

六、基本教学条件

（一）教师

1. 有足够数量教师，满足本科教学的需要，生师比符合教育部要求。

2. 有学术造诣较高的学术带头人。

3. 教师队伍有一定的工程实践经验，能解决实际问题，有稳定的与工程应用有关的科研方向，有一定的科研成果。

4. 教师队伍知识、职称、年龄及学缘结构合理，其中至少应有教授职称者一人、副教授职称者二人以上，提倡有一定比例具有实际经验的高级电气工程师担任专业课程讲授任务。

5. 应具有相应学科的支撑条件，并设有专业教学机构。

（二）教材

1. 教材选用要符合专业规范，基础课程的教材应为正式出版教材，专业课程至少应有符合本校教学大纲的讲义。

2. 专业教育必修课程的教材均应是近年来正式出版的国家规划教材或重点教材，鼓励专业课教师选用专业教学指导委员会组织编写的教材。

（三）图书资料

公共图书馆中除了要有符合国家教育部关于高等院校设置必备的图书资料外，还应满足下列要求：

1. 有一定数量的建筑电气、建筑智能化、自动控制、计算机技术、通信技术、建筑设备、建筑技术等方面的专业书籍。

2. 有一定数量的和本专业相关的中文期刊和外文期刊。

3. 有较齐全的建筑电气、建筑智能化等法规文件及基本的工程设计参考资料。

4. 有一定数量的数字化资源和具有检索这些信息资源的工具。

（四）实验室

1. 实验室的生均面积、生均教学设备经费投入等指标均达到教育部的要求。

2. 实验开出率达80％以上。实验装置充足，每组不超过4人（个别演示实验除外）。

3. 本专业必须具备计算机原理及应用、自动控制原理、计算机控制技术等专业基础实验室或相应的实验条件。

4. 建筑电气实验室

1）主要任务：完成专业教育必修课程规定开设的建筑电气教学实验任务。

2）设备要求：可配置电气照明系统、供配电实验装置、建筑电气控制技术实验系统。

5. 建筑智能化实验室

1）主要任务：完成专业教育必修课程规定开设的建筑智能化教学实验任务。

2）设备要求：本实验室可配置的系统较多，可根据具体情况配置系统种类。配置应能开设以下推荐实验类型：建筑设备自动化实验、网路与通信实验、公共安全系统实验等。

6. 设备配置要求应能满足学生进行不低于30％的设计型或综合型实验，并能为毕业设计提供必要条件。

7. 某些实验的设备较庞大、价格较贵（比如中央空调监控系统），可以采用仿真型实验装置。

8. 基础和专业实验室应有具备高级职称的实验人员，数量应满足要求，管理应规范有序。

（五）实习基地

1. 应有一定数量且相对稳定的专业实习基地（可在校外企事业单位、研究所、设计院中建立）。

2. 生产实习应符合本专业的特色和方向，有实习大纲和明确的实习内容。

（六）教学经费

1. 专业建设的投入不能低于教育部对本科专业要求的合格标准。

2. 对于新建专业，用于实验仪器设备添置的经费，初期投入一般不低于 300 万元。

七、专业规范的附件

附件一　建筑电气与智能化专业知识体系及其知识领域、知识单元和知识点

附件二　建筑电气与智能化专业实践教学体系（实践领域、实践单元和知识技能点）

建筑电气与智能化专业知识体系及其核心知识领域、知识单元和知识点

工具、人文、自然科学知识体系中的知识领域及学时（1224）　　　　附表 1-1

序号	知识体系	知识领域			推荐课程
		序号	描述	推荐课时	
1	工具性知识（332）	1	外国语	332	大学英语、科技与专业外语、文献检索
2	人文社会科学知识（416）	1	哲学	252	毛泽东思想和中国特色社会主义理论体系、马克思主义基本原理、中国近代史纲要、思想道德修养与法律基础、经济学基础、管理学基础、心理学基础、体育
		2	政治学		
		3	历史学		
		4	法学		
		5	社会学		
		6	经济学		
		7	管理学		
		8	心理学		
		9	体育	128	
		10	军事	36	
3	自然科学知识（476）	1	数学	332	高等数学、线性代数、概率论与数理统计、复变函数、积分变换、大学物理、物理实验
		2	物理学	144	

专业知识体系各知识领域核心知识单元推荐课程及学时（748）　　　　附表 1-2

序号	知识领域	核心知识单元	知识点	推荐课程	推荐学时
1	电路理论与电子技术	3	86	电路理论、模拟电子技术、数字电子技术	192
2	电气传动与控制	1	20	电气控制技术	40
3	检测与控制	1	29	自动控制原理	64
4	网络与通信	2	32	计算机网络与通信	48
5	计算机应用技术	1	28	计算机原理及应用	48
6	建筑设备	2	21	建筑设备	28
7	建筑智能环境学	12	50	建筑智能环境学	72
8	建筑电气工程	3	17	建筑供配电与照明	72
9	建筑智能化工程	4	52	建筑设备自动化系统、建筑物信息设施系统、公共安全技术	126
10	工程技术基础	1	11	工程制图（公共基础课）	54
11	建筑节能技术	4	12	建筑节能技术	18

注：1. 表中知识点和推荐学时均指核心知识单元的知识点和推荐学时。

2. "土木工程基础"知识领域不含核心知识单元，未列入本表中。

知识单元		知识点			推荐学时
序号	描述	序号	描　述	要求	
1	电路理论	1	电路和电路模型、电路元件	掌握	88
		2	基尔霍夫定律及其应用	掌握	
		3	等效电阻的计算 \ 电源的等效变换	掌握	
		4	支路电流法、网孔电流法、回路电流法及节点电压法	掌握	
		5	叠加定理与替代定理	掌握	
		6	戴维南定理及诺顿定理	掌握	
		7	最大功率传输	掌握	
		8	运算放大器的电路模型、比例电路的分析	熟悉	
		9	含有理想运算放大器的电路分析	熟悉	
		10	电容、电感及其串联与并联的计算	掌握	
		11	动态电路的方程及其初始条件	掌握	
		12	一阶电路的零输入响应、零状态响应、全响应	掌握	
		13	二阶电路的零输入响应、零状态响应、全响应	熟悉	
		14	一阶电路、二阶电路的阶跃响应和冲击响应	熟悉	
		15	正弦量及相量法基础	掌握	
		16	电路定律的相量形式	掌握	
		17	阻抗与导纳概念、相量图	掌握	
		18	正弦稳态电路的分析与计算	掌握	
		19	正弦稳态电路的功率、功率因数的提高	掌握	
		20	含有耦合电感电路的计算	掌握	
		21	变压器原理及理想变压器	熟悉	
		22	RLC 串联电路的谐振、RLC 并联电路的谐振	掌握	
		23	RLC 串联电路的频率响应	掌握	
		24	对称三相电路的分析与计算	掌握	
		25	不对称三相电路的分析与计算、三相电路的功率	掌握	
		26	非正弦周期电流电路的计算	熟悉	
		27	拉普拉斯变换及其反变换、运算电路	掌握	
		28	应用拉普拉斯变换分析线性电路	掌握	
		29	网络函数及网络函数的零极点	熟悉	
		30	割集、关联矩阵、回路矩阵、割集矩阵	掌握	
		31	回路电流方程、节点电压方程、割集电压方程的矩阵形式	掌握	
		32	二端口网络方程和参数	掌握	
		33	二端口网络的等效电路、转移函数及其连接	熟悉	
		34	非线性电阻、电容和电感	了解	
		35	非线性电路的方程	了解	
		36	小信号分析法、分段线性化方法	了解	

知识单元		知识点			推荐学时
序号	描述	序号	描述	要求	
2	模拟电子技术	1	半导体二极管/稳压管的外特性和主要参数	掌握	56
		2	双极型三极管/场效应三极管的外特性和主要参数	掌握	
		3	放大电路的基本原理和分析方法	掌握	
		4	基本放大电路的三种组态	掌握	
		5	场效应管放大电路	掌握	
		6	多级放大电路	掌握	
		7	放大电路的频率响应	熟悉	
		8	OTL 和 OCL 互补对称功率放大器	掌握	
		9	集成运放的特点、直接耦合放大电路及零点漂移	熟悉	
		10	集成运放的组成、差分放大电路	掌握	
		11	集成运放的主要技术指标	掌握	
		12	集成运放在模拟信号运算及信号处理方面的应用	掌握	
		13	反馈的概念、负反馈的四种组态及反馈的一般表达式	掌握	
		14	负反馈对放大电路工作性能的影响	掌握	
		15	负反馈放大电路的分析方法	掌握	
		16	负反馈放大电路的自激振荡	了解	
		17	正弦波振荡电路的组成及分析方法	掌握	
		18	RC 正弦波振荡电路	掌握	
		19	LC 正弦波振荡电路	掌握	
		20	石英晶体振荡器	了解	
		21	直流电源的组成	掌握	
		22	单相整流电路	掌握	
		23	基本滤波电路	掌握	
		24	硅稳压管稳压电路	熟悉	
		25	串联型直流稳压电路	掌握	
		26	集成稳压电路	掌握	
		27	晶闸管及可控整流电路	了解	
3	数字电子技术	1	逻辑代数的概念、公式和定理	掌握	48
		2	逻辑函数的公式化简法和图形化简法	掌握	
		3	逻辑函数的表示方法及其之间的转换	掌握	
		4	半导体二极管、三极管、MOS 管的开关特性	掌握	
		5	分立元件门电路、CMOS 集成门电路、TTL 集成门电路	掌握	
		6	组合逻辑电路的基本分析方法和设计方法	掌握	
		7	加法器、数值比较器、编码器、译码器	掌握	
		8	数据选择器和分配器、只读存储器	熟悉	

知识单元		知识点			推荐学时
序号	描述	序号	描 述	要求	
3	数字电子技术	9	MSI 集成电路实现组合逻辑函数	掌握	48
		10	组合电路中的竞争冒险	熟悉	
		11	基本触发器、同步触发器、主从触发器、边沿触发器	掌握	
		12	时钟触发器的功能表示方法、功能分类及转换	掌握	
		13	时序逻辑电路的基本分析和设计方法	掌握	
		14	计数器、寄存器和读/写存储器	掌握	
		15	顺序脉冲发生器、三态逻辑和微机总线接口	了解	
		16	可编程时序逻辑电路	熟悉	
		17	555 定时器的原理及特点	掌握	
		18	多谐振荡器	掌握	
		19	施密特触发器	掌握	
		20	单稳态触发器	掌握	
		21	数/模转换的基本原理、转换精度和转换速度	掌握	
		22	模/数转换的基本原理、转换精度和转换速度	掌握	
		23	常用的 A/D、D/A 转换电路	熟悉	

电气传动与控制知识领域的知识单元及知识点（71）　　　　附表 1-4

知识单元		知识点			推荐学时
序号	描述	序号	描 述	要求	
1	电机与拖动基础	1	电力拖动系统传动方程式及转矩特性	熟悉	64
		2	直流电机的用途、基本原理、主要结构	掌握	
		3	直流电机的磁路、电枢绕组、电枢电动势与电磁转矩	掌握	
		4	直流发电机运行原理	掌握	
		5	他励、串励和复励直流电动机的工作原理及机械特性	掌握	
		6	直流电机的换向	掌握	
		7	他励直流电动机的启动与调速	掌握	
		8	他励直流电动机的电动与制动运行	掌握	
		9	变压器的空载和负载运行	掌握	
		10	变压器的参数测定、运行特性	掌握	
		11	自耦变压器、仪用互感器、电焊变压器的工作原理	熟悉	
		12	交流电机电枢绕组的电动势与磁通势	掌握	
		13	交流电机单相电枢绕组、二相绕组、三相绕组产生的磁通势	掌握	
		14	异步电动机结构和工作原理	掌握	
		15	三相异步电动机转子不转、转子绕组开路时的电磁关系	掌握	
		16	三相异步电动机转子堵转、转子旋转时的电磁关系	掌握	
		17	三相异步电动机的功率与转矩、机械特性	掌握	
		18	三相异步电动机参数的测定	掌握	

知识单元		知识点			推荐学时
序号	描述	序号	描 述	要求	
1	电机与拖动基础	19	三相异步电动机的直接启动	掌握	64
		20	三相鼠笼异步电动机的降压启动	掌握	
		21	绕线式异步电动机的启动	掌握	
		22	三相异步电动机的各种运行状态	掌握	
		23	同步电动机的电磁关系、功率关系、矩角特性、启动	熟悉	
		24	三相交流电动机调压调速、转子串电阻调速、变极调速、电磁转差离合器、串级调速、自控式同步电动机	熟悉	
		25	变频调速	掌握	
		26	电动机的选择、发热与温升、额定功率及其选择	掌握	
		27	各种微控电机	熟悉	
2	电力电子技术	1	电力二极管、晶闸管、典型全控器件的特性	掌握	32
		2	功率集成电路与集成电力电子模块特性	掌握	
		3	单相可控整流电路	掌握	
		4	三相可控整流电路	掌握	
		5	变压器漏感对整流电路的影响	掌握	
		6	电容滤波的不可控整流电路	掌握	
		7	整流电路的谐波和功率因数、大功率可控整流电路	掌握	
		8	整流电路的有源逆变工作状态	掌握	
		9	换流方式	掌握	
		10	电压型逆变电路	掌握	
		11	电流型逆变电路	掌握	
		12	基本斩波电路	掌握	
		13	复合斩波电路和多重斩波电路	掌握	
		14	带隔离的直流-直流变流电路	掌握	
		15	交流调压电路、其他交流电力控制电路	熟悉	
		16	交-交变频电路	掌握	
		17	PWM 控制的基本原理	掌握	
		18	PWM 逆变电路及其控制方法、PWM 跟踪控制技术	掌握	
		19	PWM 整流电路及其控制方法	掌握	
		20	软开关电路的概念、软开关电路的分类	熟悉	
		21	典型的软开关电路	掌握	
		22	电力电子器件的驱动与保护	掌握	
		23	电力电子器件的串联和并联使用	掌握	
		24	电力电子技术的应用	了解	

知识单元		知识点			推荐学时
序号	描述	序号	描 述	要求	
3	电气控制技术	1	常用电磁式低压电器的工作原理及选择	掌握	40
		2	常用非电磁式低压电器的工作原理及选择	掌握	
		3	熔断器、低压断路器、行程开关及主令开关	掌握	
		4	电气控制线路的绘图规则与电路符号	掌握	
		5	各种联锁的控制规律、按过程变化参量控制的规律	掌握	
		6	常用典型控制环节	掌握	
		7	安装接线图	掌握	
		8	继电接触控制系统的设计方法-经验设计法	掌握	
		9	继电接触控制系统的设计方法-与逻辑设计法	熟悉	
		10	典型生产设备的电气控制线路分析	了解	
		11	PLC 的基本组成和各部分的作用	掌握	
		12	PLC 的工作原理	掌握	
		13	PLC 的编程语言及性能指标	掌握	
		14	OMRON PLC 的硬件结构、性能指标与继电器的表示方法	掌握	
		15	OMRON PLC 的指令系统及编程方法	掌握	
		16	西门子 S7-200PLC 的硬件结构性能指标	掌握	
		17	西门子 S7-200PLC 指令系统及编程方法	掌握	
		18	三菱 F1 系列 PLC 的硬件结构与指令系统	了解	
		19	PLC 控制系统设计的基本方法	掌握	
		20	PLC 在控制系统中的应用	熟悉	

检测与控制知识领域的知识单元及知识点（75）　　　　　附表 1-5

知识单元		知识点			推荐学时
序号	描述	序号	描 述	要求	
1	信号与系统	1	典型的基本信号、信号的分类	熟悉	36
		2	奇异函数的定义及其性质	熟悉	
		3	信号的基本运算与信号分解	掌握	
		4	连续 LTI 系统的数学描述	掌握	
		5	连续 LTI 系统时域响应的求取与分解	掌握	
		6	连续 LTI 系统的冲激响应	掌握	
		7	连续信号的卷积	掌握	
		8	三角函数及虚指数函数的正交分解	理解	
		9	周期信号的傅里叶级数	掌握	
		10	信号频谱的概念及其特性	掌握	
		11	信号的傅里叶变换及性质	掌握	
		12	抽样与抽样定理	掌握	

知识单元		知识点			推荐学时
序号	描述	序号	描 述	要求	
1	信号与系统	13	LTI 系统的频域分析	掌握	36
		14	拉普拉斯变换的定义、性质与应用	掌握	
		15	拉普拉斯变换与傅里叶变换的关系	理解	
		16	连续 LTI 系统的复频域分析	掌握	
		17	系统函数 $H(s)$、零、极分布与时域特性的关系	掌握	
		18	系统频率特性	熟悉	
		19	离散 LTI 系统的差分方程	熟悉	
		20	系统的单位样值响应	熟悉	
		21	离散 LTI 系统零输入响应和零状态响应的求解方法	掌握	
		22	卷积和的概念及计算	掌握	
		23	离散信号的 Z 变换	掌握	
		24	离散系统的脉冲传递函数	掌握	
		25	利用 Z 变换求离散系统的时域响应	掌握	
2	自动控制原理	1	自动控制系统的组成	熟悉	64
		2	开环控制与闭环控制	熟悉	
		3	自动控制系统的分类及要求	掌握	
		4	控制系统微分方程	熟悉	
		5	传递函数	掌握	
		6	系统动态结构图的化简方法	掌握	
		7	开环、闭环、误差、扰动传递函数	掌握	
		8	典型输入信号	熟悉	
		9	一阶、二阶系统的时域分析	掌握	
		10	控制系统的性能指标	掌握	
		11	高阶系统的近似分析	理解	
		12	系统误差计算与分析	掌握	
		13	系统稳定性及 Routh 稳定判据	掌握	
		14	绘制根轨迹的规则	掌握	
		15	控制系统的根轨迹分析	掌握	
		16	频率特性的定义及性质	熟悉	
		17	开环 Nyquist 图和开环 Bode 图	掌握	
		18	Nyquist 稳定判据和对数判据	掌握	
		19	最小相位系统	熟悉	
		20	控制系统的幅值裕度、相位裕度	掌握	
		21	系统时域性能指标和频域性能指标的关系	熟悉	
		22	系统校正概念、方案及常用控制规律	熟悉	

続表

知识单元		知识点			推荐学时
序号	描述	序号	描 述	要求	
2	自动控制原理	23	串联相位超前、相位滞后校正	掌握	64
		24	串联校正的期望频率特性法	掌握	
		25	反馈校正的作用及原理	掌握	
		26	典型非线性特性	熟悉	
		27	典型非线性特性的描述函数	熟悉	
		28	非线性系统的描述函数分析	熟悉	
3	检测技术与过程控制	1	测量误差及测量仪表的技术指标	熟悉	38
		2	温度、流量、压力、物位、成分及物性检测方法及仪表	掌握	
		3	其他非电量的检测方法	了解	
		4	变送器的构成原理及零点、量程迁移	掌握	
		5	温度、压差、智能变送器	熟悉	
		6	过程对象的类型	熟悉	
		7	过程机理分析法和测试法建模	熟悉	
		8	基本控制规律及特点	掌握	
		9	DDZ-3 型调节器	熟悉	
		10	数字调节器	熟悉	
		11	电动、气动执行器、智能调节阀的原理	熟悉	
		12	调节阀的选用	熟悉	
		13	电/气阀门定位器	熟悉	
		14	过程控制系统的设计原则及内容	熟悉	
		15	被控量、操纵量的选择	掌握	
		16	执行器、检测、变送器的选择	掌握	
		17	调节器及调节规律的选择	掌握	
		18	调节器参数的工程整定	熟悉	
		19	串级控制系统	掌握	
		20	前馈控制系统	掌握	
		21	比值、大滞后补偿、分程与选择、均匀控制系统	熟悉	

网络与通信知识领域的知识单元及知识点（75） 附表 1-6

知识单元		知识点			推荐学时
序号	描述	序号	描 述	要求	
1	通信原理概论	1	通信系统基本概念	了解	32
		2	模拟信号的数字传输	了解	
		3	幅度调制原理	掌握	
		4	角度调制原理	掌握	
		5	频分复用原理	掌握	

29

知识单元		知识点			推荐学时
序号	描述	序号	描　　述	要求	
1	通信原理概论	6	采样、量化和编码	熟悉	32
		7	脉冲编码调制及其性能	掌握	
		8	差分脉冲编码调制	掌握	
		9	增量调制	熟悉	
		10	时分复用	掌握	
		11	数字基带信号的码型及其功率谱	掌握	
		12	奈奎斯特准则	掌握	
		13	部分响应基带传输系统	掌握	
		14	信号时域均衡的基本概念	熟悉	
		15	典型的二进制数字调制方式	掌握	
		16	正交幅度调制	掌握	
		17	多进制数字调制	掌握	
		18	最小频移键控	熟悉	
		19	匹配滤波器	掌握	
2	计算机网络基础	1	计算机网络的概念	掌握	36
		2	数据传输技术	掌握	
		3	计算机网络的数据交换技术	掌握	
		4	网络体系结构与标准化	掌握	
		5	OSI 网络模型结构	掌握	
		6	OSI 模型的工作机制	掌握	
		7	广域网的构成	掌握	
		8	分组交换网及其工作原理	掌握	
		9	帧中继网及其工作原理	熟悉	
		10	ISDN 网及其工作原理	熟悉	
		11	ATM 网及其工作原理	了解	
		12	无线通信网及其工作原理	了解	
		13	网络互连及其工作原理	掌握	
		14	Internet 及其工作原理	掌握	
		15	局域网概念及其特点	掌握	
		16	LLC 协议及其工作原理	掌握	
		17	以太网的工作原理	掌握	
		18	令牌环网的工作原理	熟悉	
		19	FDDI 网的工作原理	熟悉	
		20	100VG-AnyLAN 网工作原理	熟悉	
		21	无线局域网的工作原理	了解	

知识单元 序号	描述	知识点 序号	描述	要求	推荐学时
2	计算机网络基础	22	交换式网络的工作原理	了解	36
		23	局域网互连技术	熟悉	
		24	TCP/IP 协议	熟悉	
		25	IP v6 协议	了解	
		26	SNMP 网络管理体系	熟悉	
		27	网络管理系统结构	熟悉	
		28	基于 Web 的网络管理技术	熟悉	
		29	网络系统的构造	了解	
		30	网络操作系统	了解	
		31	网络系统建立	了解	
		32	Web 服务系统	了解	
3	控制网络与协议	1	现场总线概述	熟悉	32
		2	LonWorks 总线的基本原理	掌握	
		3	LonTalk 协议的基本内容	熟悉	
		4	LonWorks 神经元芯片的基本结构	了解	
		5	LonWorks 总线的应用	了解	
		6	Profibus 的通信模型和协议类型	掌握	
		7	Profibus 的数据传输和拓扑结构	掌握	
		8	Profibus 的总线存取控制机制	熟悉	
		9	Profibus-DP 简介	了解	
		10	基金会现场总线的通信模型	熟悉	
		11	基金会现场总线的分层技术	了解	
		12	基金会现场总线的功能模块	了解	
		13	基金会现场总线的网络管理与系统管理	了解	
		14	基金会现场总线的设备描述和系统组态	了解	
		15	CAN 总线的原理	熟悉	
		16	CAN 协议芯片	了解	
		17	CAN 总线的应用	了解	
		18	以太网和 IEEE 802.3	熟悉	
		19	工业以太网	了解	
		20	BACnet 协议	了解	
		21	BACnet 网络参数配置	了解	
		22	BACnet 应用系统开发的基本方法	了解	
		23	控制系统组态	了解	

知识单元		知识点			推荐
序号	描述	序号	描　　述	要求	学时
1	计算机原理及应用	1	计算机基本概念	了解	48
		2	微处理器（或微控制器）内部逻辑结构和工作原理	熟悉	
		3	微处理器（或微控制器）芯片的引脚及其功能	掌握	
		4	微处理器（或微控制器）的时序	掌握	
		5	微处理器（或微控制器）的复位及复位电路	掌握	
		6	CPU 的寻址方式	熟悉	
		7	指令系统分析	掌握	
		8	汇编程序设计	掌握	
		9	子程序设计及调用	掌握	
		10	半导体内存	熟悉	
		11	内存扩展	掌握	
		12	中断及中断系统概念	掌握	
		13	中断系统应用	掌握	
		14	定时/计数器的工作原理	掌握	
		15	定时/计数器应用	掌握	
		16	串行通信的概念	掌握	
		17	串行口的结构及工作原理	掌握	
		18	串行口编程及其应用	掌握	
		19	I/O 口的作用	掌握	
		20	简单接口芯片扩展 I/O 口及应用	掌握	
		21	可编程芯片扩展 I/O 口及应用	掌握	
		22	A/D 转换工作原理	熟悉	
		23	A/D 界面的设计及应用	掌握	
		24	D/A 转换工作原理	熟悉	
		25	D/A 转换界面的设计及应用	掌握	
		26	串行总线概述	了解	
		27	SPI 总线的工作原理及应用	了解	
		28	I^2C 总线的工作原理及应用	了解	
2	计算机控制技术	1	计算机控制概述	掌握	40
		2	计算机控制系统结构与分类	掌握	
		3	模拟量输入通道	掌握	
		4	数据采集系统设计	掌握	
		5	模拟量输出通道	掌握	
		6	开关量输入/输出通道	掌握	
		7	顺序控制器工作原理	熟悉	

知识单元		知 识 点			推荐
序号	描述	序号	描　　述	要求	学时
2	计算机控制技术	8	线性插补和圆弧插补原理	熟悉	40
		9	开环数值控制程序设计	熟悉	
		10	步进电机的工作原理	熟悉	
		11	步进电机的驱动电路和控制程序设计方法	掌握	
		12	模拟 PID 控制规律的离散化	掌握	
		13	改进的 PID 算法：积分分离、不完全微分、变速积分等	掌握	
		14	PID 参数的整定方法	熟悉	
		15	被控对象的离散化模型	掌握	
		16	数字控制器的稳定性与可实现性	掌握	
		17	时间最优的数字控制器设计	掌握	
		18	纯滞后补偿的数字控制器设计	掌握	
		19	集散控制系统及其工作原理	熟悉	
		20	工业控制网络系统的工作原理	熟悉	
		21	计算机控制系统设计的内容和一般步骤	熟悉	
		22	常用数据预处理算法：数字滤波、工程量转换、插值和系统误差自动校正等	掌握	
		23	计算机控制系统的抗干扰措施	掌握	
3	程序设计语言（C 语言）	1	程序设计语言概述	了解	24
		2	常量与变量	掌握	
		3	基本数据类型	掌握	
		4	运算符与表达式	掌握	
		5	顺序结构	掌握	
		6	分支结构	掌握	
		7	循环结构	掌握	
		8	过程与函数	掌握	
		9	数组与指针	熟悉	
		10	结构化程序设计	掌握	
4	面向对象程序设计（Visual Basic 或 C++）	1	面向对象设计	熟悉	40
		2	封装与信息隐藏	掌握	
		3	行为与实现的分离	掌握	
		4	类和子类与类层次	掌握	
		5	继承与多态性	掌握	
		6	队列、链表与堆栈	掌握	
		7	树与二叉树	掌握	
		8	图的表示与遍历	掌握	
		9	查找与排序	掌握	

知识单元		知识点			推荐学时
序号	描述	序号	描 述	要求	
5	数据库基础与应用	1	关系模型和关系代数	掌握	32
		2	关系数据库	掌握	
		3	关系数据库理论	掌握	
		4	数据库设计	掌握	
		5	数据库系统运行与维护	熟悉	
		6	数据库系统的保护方法和措施	了解	

建筑设备知识领域的知识单元及知识点（25）　　　　　　附表 1-8

知识单元		知识点			推荐学时
序号	描述	序号	描 述	要求	
1	建筑给水排水	1	室外给水排水工程	熟悉	8
		2	管材、器材及卫生器具	了解	
		3	建筑给水工程	掌握	
		4	建筑排水工程	掌握	
		5	建筑消防给水系统	掌握	
		6	高层建筑给水排水工程	掌握	
		7	中水及直饮水	熟悉	
2	暖通空调	1	室内供暖系统及其分类	了解	20
		2	供暖热负荷及其计算	了解	
		3	集中供暖系统的散热设备	了解	
		4	热源及室外热力管网系统	了解	
		5	高层建筑供暖系统	熟悉	
		6	建筑通风的任务、方式、系统组成及分类	熟悉	
		7	局部、全面通风量确定	熟悉	
		8	自然通风及其在绿色建筑中的应用	熟悉	
		9	空调系统的组成及分类	掌握	
		10	空气处理设备及处理过程	掌握	
		11	送回风系统及气流组织	掌握	
		12	制冷、供热站及水系统	掌握	
		13	空调系统全年运行工况的调节	掌握	
		14	节能环保新技术应用	熟悉	
3	热水与燃气供应	1	热水供应系统及组成	熟悉	2
		2	燃气供应系统及组成	熟悉	
4	建筑电气基础	1	建筑电气基本知识	了解	2

土木工程基础知识领域的知识单元及知识点（16）

附表 1-9

知识单元		知识点			推荐学时
序号	描述	序号	描 述	要求	
1	房屋建筑学	1	建筑和建筑学的基本概念及相关知识	熟悉	24
		2	民用建筑设计原理	了解	
		3	民用建筑构造	熟悉	
		4	民用建筑工业化	了解	
		5	工业建筑设计原理	了解	
		6	工业建筑构造	熟悉	
2	土木工程概论	1	土木工程发展概述	了解	24
		2	土木工程材料、作用及作用效应	了解	
		3	土木工程基本的结构形式	熟悉	
		4	土木工程的分类及其相关内容	了解	
		5	土木工程与工程结构	熟悉	
		6	土木工程灾害与设防	熟悉	
		7	土木工程建设程序及其管理	熟悉	
		8	土木工程主要施工方法	了解	
		9	土木工程中的经济、环境和法律问题	了解	
		10	土木工程展望	了解	

建筑智能环境学知识领域的知识单元及知识点（50）

附表 1-10

知识单元		知识点			推荐学时
序号	描述	序号	描 述	要求	
1	建筑环境基础知识	1	建筑外环境	了解	4
		2	建筑热湿环境	熟悉	
		3	室内空气质量	熟悉	
		4	建筑光环境	熟悉	
		5	建筑声环境	熟悉	
2	建筑智能环境与建筑智能环境学	1	智能建筑与建筑智能环境	熟悉	2
		2	建筑智能环境学	熟悉	
3	建筑智能环境要素	1	智能热湿环境	掌握	6
		2	智能光环境	掌握	
		3	智能声环境	熟悉	
		4	智能气环境	熟悉	
		5	智能安全环境	掌握	
		6	信息通信环境	掌握	
		7	智能办公环境	熟悉	
		8	智能管理环境	熟悉	

知识单元		知识点			推荐
序号	描述	序号	描 述	要求	学时
4	建筑智能环境的理论基础	1	控制理论及其应用	了解	4
		2	信息理论及其应用	了解	
		3	系统理论及其应用	了解	
5	建筑环境评价要素	1	热湿环境评价要素	掌握	8
		2	空气品质评价要素	掌握	
		3	光环境评价要素	掌握	
		4	声环境评价要素	掌握	
6	控制理论的基本原理及方法	1	自动控制的基本原理	掌握	4
		2	自动控制方式	掌握	
7	建筑环境控制原理及方法	1	建筑热湿环境控制原理及方法	掌握	8
		2	建筑光环境控制原理及方法	掌握	
		3	建筑声环境控制原理及方法	熟悉	
		4	建筑气环境控制原理及方法	熟悉	
8	信息理论的基本原理及方法	1	信息获取原理	掌握	6
		2	信息传递原理	掌握	
		3	信息处理原理	掌握	
		4	信息施效原理	掌握	
		5	信息理论方法	熟悉	
9	建筑智能环境的信息原理及方法	1	智能安全环境的信息原理及方法	掌握	8
		2	信息通信环境的信息原理及方法	掌握	
		3	智能办公环境的信息原理及方法	熟悉	
		4	智能管理环境的信息原理及方法	熟悉	
10	系统理论的基本原理及系统工程方法	1	系统整体突现原理	掌握	6
		2	系统等级层次原理	掌握	
		3	系统环境互塑共生原理	掌握	
		4	系统工程方法	熟悉	
11	建筑智能环境系统要素	1	建筑设备管理系统	掌握	8
		2	信息设施系统	掌握	
		3	信息化应用系统	熟悉	
		4	公共安全系统	掌握	
		5	建筑智能化集成系统	掌握	
12	建筑智能环境系统原理及系统工程方法	1	建筑智能环境的系统整体突现原理	掌握	8
		2	建筑智能环境的系统等级层次原理	掌握	
		3	建筑智能环境的系统环境互塑共生原理	掌握	
		4	建筑智能环境的系统工程方法	熟悉	

知识单元		知识点			推荐学时
序号	描述	序号	描 述	要求	
1	建筑供配电系统	1	电力系统及建筑供配电系统设计基本知识	了解	42
		2	电力负荷及其计算	掌握	
		3	短路电流及其计算	掌握	
		4	变配电所及其一次系统	掌握	
		5	电力线路	掌握	
		6	供电系统的过电流保护与二次系统	掌握	
		7	供配电系统电能质量	熟悉	
2	建筑照明系统	1	建筑电气照明基本知识	掌握	22
		2	光源及灯具的基本特性及选择原则	掌握	
		3	照度的计算方法	掌握	
		4	建筑照明及景观照明设计	掌握	
		5	照明电气设计	掌握	
		6	照明节能	熟悉	
		7	照明控制	熟悉	
3	电气安全技术	1	电气安全基本知识	了解	8
		2	供配电系统的电气安全防护	掌握	
		3	建筑物的雷击防护	掌握	
4	建筑电气工程设计	1	建筑电气工程设计内容和相互关系	熟悉	32
		2	建筑电气工程方案设计深度要求及工程实例分析	掌握	
		3	建筑电气工程初步设计深度需求及工程实例分析	掌握	
		4	建筑电气工程施工图设计深度要求及工程实例分析	掌握	
		5	建筑智能化工程施工图设计需求及工程实例分析	掌握	
		6	建筑电气工程施工图的设计审查及管理	熟悉	
5	电梯控制技术	1	电梯基本知识	了解	32
		2	电梯曳引传动系统的自动控制	掌握	
		3	交流双速电梯传动系统	了解	
		4	交流调压调速电梯传动系统	了解	
		5	交流变频调速电梯传动系统	掌握	
		6	电梯的逻辑控制	掌握	
		7	电梯调试与运行	了解	

知识单元		知识点			推荐
序号	描述	序号	描　　　述	要求	学时
1	建筑设备自动化系统	1	建筑设备自动化系统概述	熟悉	50
		2	建筑设备监控系统的组成与功能	掌握	
		3	供配电系统监测及实现方法	掌握	
		4	照明系统监控及实现方法	掌握	
		5	智能照明控制系统及其设计	掌握	
		6	压缩式制冷机系统监控及实现方法	掌握	
		7	吸收式制冷系统的监控及实现方法	掌握	
		8	蓄冰制冷系统监控及实现方法	熟悉	
		9	热力系统监控及实现方法	掌握	
		10	冷冻水系统/冷却水系统监控及实现方法	掌握	
		11	新风机组监控及实现方法	掌握	
		12	空调机组监控及实现方法	掌握	
		13	风机盘管机组监控及实现方法	掌握	
		14	变风量空调系统监控及特点	熟悉	
		15	空调系统节能控制	掌握	
		16	给水排水监控系统及设计	掌握	
		17	电梯/自动扶梯运行状态监视	熟悉	
2	公共安全技术	1	公共安全系统的组成与功能	掌握	36
		2	安全技术防范系统的组成与功能	掌握	
		3	入侵报警系统及设计	掌握	
		4	视频安防监控系统及设计	掌握	
		5	出入口控制管理系统及设计	掌握	
		6	电子巡查管理系统及设计	掌握	
		7	访客对讲系统及设计	掌握	
		8	停车场（库）管理系统及设计	掌握	
		9	火灾自动报警系统的组成与功能	掌握	
		10	火灾探测报警系统	掌握	
		11	可燃气体探测报警系统	熟悉	
		12	电气火灾监控系统	熟悉	
		13	火灾自动报警系统工程设计	掌握	
		14	应急联动系统的组成及功能	掌握	
		15	消防联动控制系统及其设计	掌握	
		16	消防—建筑设备联动系统	熟悉	
		17	消防—安防联动系统	熟悉	
		18	建筑设备管理系统工程设计	熟悉	
		19	公共安全系统集成技术	熟悉	
		20	城市区域联网安防系统	熟悉	

知识单元		知识点			推荐学时
序号	描述	序号	描 述	要求	
3	建筑物信息设施系统	1	信息设施系统概述	熟悉	36
		2	电话交换的方式及系统设计	熟悉	
		3	综合布线系统及工程设计	掌握	
		4	综合布线系统测试	熟悉	
		5	信息网络系统应用及工程设计	掌握	
		6	广播系统及设计	掌握	
		7	有线电视及卫星电视接收系统及设计	掌握	
		8	信息导引及发布系统设计	熟悉	
		9	电子会议、视频会议的组成及工程设计	熟悉	
		10	通信接入系统	了解	
		11	室内移动覆盖系统	了解	
		12	时钟系统	了解	
		13	数据中心	了解	
		14	三网融合的概念与实现方法	了解	
		15	信息设施系统工程设计	熟悉	
4	信息化应用系统	1	信息化应用系统概述	了解	24
		2	物业运营管理系统	熟悉	
		3	公共服务管理系统	熟悉	
		4	公众信息服务系统	熟悉	
		5	智能卡应用系统	熟悉	
		6	信息网络安全管理系统	熟悉	
		7	典型建筑工作业务信息化应用系统	了解	
5	建筑智能化系统集成技术	1	建筑智能化系统集成概述	熟悉	24
		2	建筑智能化系统集成技术基础	熟悉	
		3	建筑智能化系统集成技术	了解	
		4	建筑智能化系统集成的需求及规划设计	了解	
		5	智能化系统信息共享平台建设	了解	
		6	信息化应用功能实施	了解	
6	住宅小区智能化系统	1	住宅小区智能化系统概述	熟悉	24
		2	住宅小区智能化系统组成	掌握	
		3	小区安防系统的组成及设计	掌握	
		4	小区信息管理系统的组成及设计	熟悉	
		5	小区信息网络系统内容及实施方法	熟悉	
		6	家居智能化系统及内容	了解	

知识单元		知识点			推荐学时
序号	描述	序号	描　述	要求	
1	工程制图	1	制图基本知识	了解	54
		2	投影的基本知识	了解	
		3	点和直线的投影	掌握	
		4	平面的投影	掌握	
		5	直线与平面、平面与平面的相对位置	掌握	
		6	基本几何体的投影	掌握	
		7	轴测投影	掌握	
		8	立体的截断与相贯	熟悉	
		9	组合体的投影	熟悉	
		10	建筑形体的表达方法	熟悉	
		11	建筑施工图	熟悉	
2	工程力学与机械基础	1	工程力学和几种力学模型	了解	36
		2	力系的简化和平衡	了解	
		3	静力分析	熟悉	
		4	应力和应变的概念、材料的力学行为和杆的基本变形	熟悉	
		5	质点、刚体和连续体运动	熟悉	
		6	运动微分方程、动力学基本定理、刚体的定点转动与平面运动	熟悉	
		7	流体静力学、流场的概念、连续方程、动量方程、伯努利方程和流体粘性及湍流的概念	熟悉	
		8	机械基础与自动化控制	熟悉	
		9	机械原理与机械零件及简单机构设计	了解	
		10	液压与气压传动	了解	
3	工程经济与管理	1	建筑业在国民经济中的地位和作用	了解	24
		2	基本建设的概念、内容和程序	了解	
		3	建筑产品的价格、成本和利润	了解	
		4	建筑工程技术经济分析	熟悉	
		5	建筑企业经营管理概论	了解	
		6	经营预测与决策	了解	
		7	建筑工程招标与投标	熟悉	
		8	工程合同	熟悉	
		9	建筑企业常规管理	了解	
		10	建筑企业质量管理	了解	
		11	建筑企业施工项目管理	熟悉	
		12	建设监理	熟悉	

知识单元		知识点			推荐学时
序号	描述	序号	描 述	要求	
4	建筑电气工程安装与预算	1	电气工程常用材料	了解	24
		2	变配电设备安装及室内配管配线工程	掌握	
		3	照明设备及防雷接地设备安装	掌握	
		4	电气安装工程量计算规则	掌握	
		5	建筑智能化系统设备安装工程量计算规则	掌握	
		6	基本建设及工程造价管理	熟悉	
		7	电气安装工程消耗量定额	掌握	
		8	电气安装工程预算实例及造价书的编制	掌握	
5	建筑电气CAD	1	CAD基础知识	了解	20
		2	CAD系统的图形设备	熟悉	
		3	AUTOCAD基础知识	掌握	
		4	AUTOCAD实用命令	掌握	
		5	建筑电气设计软件包	熟悉	

建筑节能技术领域的知识单元及知识点（16）　　　　　附表 1-14

知识单元		知识点			推荐学时
序号	描述	序号	描 述	要求	
1	建筑规划与设计节能技术	1	建筑规划节能设计	了解	4
		2	建筑通风设计	了解	
		3	建筑外遮阳设计	了解	
2	建筑施工节能技术	1	墙体/幕墙/门窗/屋面/地面节能工程	了解	2
3	暖通空调节能技术	1	采暖节能	了解	4
		2	通风与空气调节节能	熟悉	
		3	空调与采暖系统冷热源及管网节能	熟悉	
4	建筑电气节能技术	1	配电与照明节能	掌握	4
5	建筑智能化节能技术	1	监测与控制节能	掌握	4
6	绿色/生态建筑节能与环保技术	1	外墙外保温技术	了解	6
		2	光伏和建筑一体化（BIPV）技术	熟悉	
		3	光伏并网发电技术	熟悉	
		4	中水处理系统	熟悉	
		5	雨水收集利用技术	熟悉	
		6	高效智能遮阳技术	熟悉	
		7	地源热泵技术	熟悉	

注：附表 1-1、附表 1-2 标题中括号内的数字是指学时数；

　　附表 1-3～附表 1-14 标题中括号内的数字是指知识点数。

附件二

建筑电气与智能化专业实践教学体系（实践领域、实践单元和知识技能点）

实践体系中的领域和单元

附表 2-1

序号	实践领域	实 践 单 元	实践环节
1	实验	普通物理实验	基础实验
		电路实验	专业基础实验
		电子技术实验	
		自动控制原理实验	
		计算机原理及应用实验	
		网络与通信基础实验	
		建筑智能环境学实验	
		建筑供配电与照明实验	专业实验
		建筑电气控制技术实验	
		建筑设备自动化系统实验	
		建筑物信息设施系统实验	
		公共安全技术实验	
2	实习	建筑电气工程、建筑智能化工程	认识实习
		专业核心课程	课程实习
		建筑电气工程、建筑智能化工程设备安装与调试	生产实习
		建筑电气工程、建筑智能化工程设计/设备安装/管理	毕业实习
3	设计	专业课程	课程设计
		建筑供配电与照明、建筑电气控制技术、建筑设备自动化系统、建筑物信息设施系统、公共安全技术、建筑智能化系统集成等工程设计与研究	毕业设计（论文）

实验领域的核心实践单元和知识技能点

附表 2-2

实践单元			知 识 与 技 能 点		
序号	描述	序号	描 述		要求
1	物理实验（48）	1	参照物理教学要求		掌握
2	电路实验（10）	1	电工仪器仪表工作原理与使用方法		掌握
		2	电路模型和电路定律：原理与实验方法，验证基尔霍夫电压、电流定律		掌握
		3	电阻电路的等效变换原理：实验步骤，线性元件、非线性元件以及电压源伏安特性的基本测试方法		熟悉
		4	电阻电路的一般分析：实验步骤，电压源、电流源和受控源的处理方法		掌握
		5	电路定理：分析与实验方法，戴维南定理和最大功率传输定理的使用条件和基本用途		掌握
		6	一阶电路分析与实验步骤，一阶 RC 电路的基本用途和暂态过程实验分析		掌握
		7	电路的频率响应：原理与实验方法，RC 串并联电路幅频特性及相频特性的基本特点和用途		熟悉

实践单元		知 识 与 技 能 点		
序号	描述	序号	描　　述	要求
3	电子技术实验 (14)	1	集成运算放大器分析与检测及实验方法，"虚短"、"虚断"概念的理解	熟悉
		2	晶体管与基本放大电路：原理与实验方法，共射极 BJT 单管放大电路的实验分析	掌握
		3	组合逻辑电路分析方法与实验步骤，数字电子信号产生与检测仪器仪表的使用，组合逻辑电路的实验分析	熟悉
		4	信号变换与信号产生电路：原理与实验方法，模拟电子信号产生与检测仪器仪表的使用，电压比较器	掌握
		5	中规模集成时序电路分析方法，实验与检测方法，数字信号产生与检测仪器仪表使用，集成计数器	掌握
4	自动控制 原理实验 (12)	1	典型环节的电模拟方法及参数测试方法，实验设备的性能和操作方法；典型环节的特性，参数变化对动态特性的影响；观测比例、积分、比例积分、比例微分、惯性环节和比例积分微分环节的阶跃响应曲线	掌握
		2	线性系统的时域分析，实验步骤与参数检测方法；观察系统的稳定和不稳定现象；系统参数变化对稳定性及动态特性的影响	掌握
		3	线性系统的频域分析，实验步骤与参数检测方法；观察系统的稳定和不稳定现象；系统参数变化对稳定性及动态特性的影响	熟悉
		4	线性系统的校正原理与方法，实验步骤与参数检测方法；控制系统的分析和校正方法，校正环节对系统稳定性及瞬态特性的影响	掌握
		5	非线性控制系统的分析方法，实验步骤与参数检测方法	了解
5	计算机原理 及应用实验 (4)	1	单片机软硬件结构及环境认识	了解
		2	实现缓冲区内数据由小到大排序并求平均值	掌握
		3	定时器/计数器	熟悉
		4	中断的使用	掌握
		5	LED 串行显示	熟悉
6	计算机网络 与通信实验 (8)	1	安装 Windows 2000 Server 并组建对等式网络：完成 Windows 2000 Server 的安装，完成 Windows 2000 对等网的配置和管理	了解
		2	组建 Windows 2000 域模式网络，完成 Windows 2000 Server 域控制器的安装，完成 Windows 2000 Server 域控制器端设置，完成域客户端的设置，实现域模式网络的资源共享与互访	熟悉
		3	用户、组和计算机账户的管理：在 Windows 2000 Server 域控制器中完成域用户账户的创建和管理，在 Windows 2000 Server 域控制器中完成组的创建和管理设置用户所属的组，完成计算机账户的创建和管理	熟悉
		4	简单局域网的组成和配置	掌握
		5	控制网组网实验（Lon Works/BACnet/CAN/工业以太网等）	掌握
		6	组态软件的基本操作	熟悉
7	建筑智能 环境学实验 (10)	1	建筑智能环境认识	了解
		2	建筑环境参数测定	掌握
		3	建筑智能环境控制原理及方法	掌握
		4	建筑智能环境信息原理及方法	掌握
		5	建筑智能环境系统原理及方法	掌握

实践单元		知 识 与 技 能 点		
序号	描述	序号	描　　　述	要求
8	建筑供配电与照明实验（8）	1	常用供配电设备、器件、线缆、灯具、光源特性认识	了解
		2	建筑供配电与照明系统接线与调试	掌握
		3	负荷计算、照度计算	掌握
		4	绘制电气平面图、系统图	掌握
9	建筑电气控制技术实验（4）	1	常用低压电器元器件认识	了解
		2	PLC系统软硬件环境认识	了解
		3	三相异步电动机典型控制电路实验，接线、调试方法	熟悉
		4	PLC系统组成与编程，基本指令的使用，特殊功能指令的使用	掌握
		5	使用顺序控制法、时序控制法、移位寄存器法开发PLC程序	熟悉
10	建筑设备自动化实验（8）	1	DDC等常用设备、元器件及线缆认识	了解
		2	空调控制系统结构组成认识	了解
		3	空调控制系统线路连接、参数设置	掌握
		4	给水自动控制系统线路连接、参数设置	掌握
		5	电梯系统软硬件环境认识，机械及电气结构	掌握
		6	建筑设备自动化系统常见故障检测及排除方法	熟悉
		7	针对典型系统组态软件编程	熟悉
11	建筑物信息设施系统实验（6）	1	电话交换机、综合布线系统、广播系统、信息引导及发布系统、有线电视及卫星电视接收系统、电子会议系统、通信介入、室内移动覆盖及时钟系统的结构与组成认识	了解
		2	双绞线型号及种类，双绞线连接件型号与作用，光缆的型号及种类，光纤连接件的型号与作用，常用布线材料（管槽、桥架、机柜、底盒、面板）的认识	了解
		3	连接头制作，信息插座的安装，数据配线架端接，光纤熔接	熟悉
		4	综合布线系统设计与测试	掌握
		5	有线电视系统设备及材料选型、各端点场强计算	掌握
		6	有线电视系统设备安装与调试	掌握
		7	控制网络组网方法与步骤，网络性能测试	掌握
12	公共安全技术实验（6）	1	公共安全系统常用器材认识	了解
		2	闭路电视监控系统接线、调试	掌握
		3	入侵报警系统接线、调试	熟悉
		4	门禁控制系统接线、调试	熟悉
		5	火灾自动报警及消防联动系统组成认识	了解
		6	火灾自动报警系统接线、调试	熟悉

注：各实践单元名称之后的括号内的数字是指学时数。

实践单元			知识与技能点		
序号	描述		序号	描述	要求
1	认识实习 （2周）	建筑电气工程	1	建筑供配电、防雷与接地工程的功能和用途，结构形式和基本组成，主要设备、材料的种类和作用	了解
			2	室内外照明工程的功能和用途，结构形式和基本组成，主要设备、材料的种类和作用，各类照明的适用场合	了解
		建筑智能化工程	1	建筑设备自动化系统、公共安全系统、建筑物信息设施系统工程项目的基本内容与功能，建筑智能化各子系统之间的关系	了解
			2	建筑智能化工程设备、材料的使用情况和主要性能	了解
			3	通过参观实验展板及实物，观看综合管理实验系统的管理功能演示；通过浏览器以 www 形式对建筑设备监控、安全防范、消防等子系统进行操作，建筑设备综合管理系统 BMS 对各子系统的管理功能	了解
2	课程实习 （8学时）	专业核心课程	1	相关仪器使用和校验	熟悉
			2	建筑设备自动化系统实习，系统设备接线、调试与检测	掌握
			3	建筑供配电与照明实习，系统设备接线、调试与检测	熟悉
			4	公共安全系统设备安装、接线、调试与试验	熟悉
			5	组态软件应用，中央监控站设计，综合自动化系统上、下位机联调	熟悉
			6	建筑物信息设施系统设备安装、接线、调试与试验	熟悉
			7	PLC 编程、调试与带负荷运行，搭接硬件电路	掌握
			8	控制网组网实习（LonWorks/BACnet/CAN/工业以太网等）	掌握
			9	空调系统设备选择与测定调整，编程软件的使用及新风机组、集中式空调机组控制	熟悉
3	生产实习 （4周）	建筑电气工程	1	建筑电气工程（供配电、防雷与接地、电气照明）各个环节施工技术（施工准备、工程实施、竣工验收），新工艺、新技术、新设备、新材料	熟悉
			2	施工段划分，施工方案制定，进度计划制定，劳动力安排	熟悉
			3	安全教育，高层建筑、大型现代化工业厂房、商场、超市等动力照明，灯具布局及其配管配线敷设方法	掌握
			4	建筑配电与照明工程，设计步骤、理论计算方法、施工图所包含的内容以及设计过程中的难点和解决这些难点的办法，施工图识读	熟悉
			5	高层建筑客梯的基本结构及其电气控制系统安装调试，机电设备主要故障的检测及排除方法	了解
			6	建筑电气工程相关施工、验收及技术规范	了解
		建筑智能化工程	1	高层建筑、大型工业与民用建筑智能化系统，了解智能建筑的基本构成及其计算机网络技术和系统集成，PDS 综合布线	了解
			2	各子系统设计步骤、计算方法、施工图所包含的内容以及设计过程中的难点和解决这些难点的办法	掌握
			3	施工界面划分，施工方案制定，进度计划制定，劳动力安排，节能控制方法	熟悉
			4	智能建筑各子系统应用软件的编制、调试步骤与方法	熟悉
			5	各子系统工程图识读，相关施工、验收及技术规范	熟悉

实践单元		知识与技能点			
序号	描述	序号	描 述		要求
4	毕业实习 （14周）		**建筑电气工程**		
		1	结合毕业设计课题，调查同类已建或正在建设工程的实际使用情况、功能和空间组成以及与环境协调的关系等		熟悉
		2	工程设计过程、步骤，搜集与设计相关原始资料		掌握
		3	建筑电气工程设备安装、调试与检测，工程图识读		掌握
		4	工程施工方案的确定，工艺方法和施工设备的选择，施工组织与管理方面的知识		熟悉
		5	国家或行业相关的设计、施工、验收、技术规范与标准等法规文件的使用		熟悉
			建筑智能化工程		
		1	结合毕业设计课题，调查同类已建或正在建设工程的实际使用情况、功能和空间组成以及与环境协调的关系等		熟悉
		2	工程设计过程、步骤，搜集与设计相关原始资料		掌握
		3	建筑智能化工程设备安装、调试与检测，各子系统工程图识读		熟悉
		4	智能建筑组态软件及相关应用软件编程、调试或仿真		掌握
		5	工程施工方案的确定，工艺方法和施工设备的选择，工程项目管理、施工组织与管理方面的知识，质量控制、投资控制、安全管理措施		熟悉
		6	智能建筑相关的国家规范、标准等法规文件的使用		熟悉

设计领域中的实践单元和知识技能点   附表 2-4

实践单元		知识与技能点			
序号	描述	序号	描 述		要求
1	课程设计		**建筑供配电与照明课程设计（1周）**		
		1	建筑供配电系统的组成及性质、变电所布置的特点与原则，负荷计算、短路电流计算，设备选择；低压配电系统设计、动力电气系统设计的基本概念、步骤和方法		掌握
		2	二次电路的设计原理；结合实际工程项目，使用CAD或专用工程设计软件绘制平面图、系统图，设计说明		熟悉
		3	电气照明系统工程设计方法与步骤，照度计算，光源与灯具选择，负荷计算，线缆选择，使用CAD绘制工程图，设计说明		掌握
		4	建筑防雷系统设计的基本方法与措施、接地系统设计的基本方法和措施，相关计算，绘制接地和防雷系统工程图，设计规范		掌握
		5	相关设计标准或规范		熟悉
			建筑电气控制技术课程设计（1周）		
		1	电气控制线路的一般规律，电动机的基本控制电路		熟悉
		2	三相异步电动机典型控制电路设计，绘制接线图		掌握
		3	PLC的主要应用领域，PLC基本组成、硬件结构、工作原理与性能指标，编程软件		熟悉
		4	PLC的指令系统，编制控制程序，PLC控制系统设计要求与设计方法，绘制控制原理图		掌握

实践单元		知 识 与 技 能 点		
序号	描述	序号	描 述	要求
1	课程设计			
	建筑设备自动化系统课程设计（2周）	1	新风机组工作原理和自动控制的实现，器件选择与传感器位置确定，确定新风机组的AI、AO、DI、DO点，编制新风机组的I/O点表。采用care软件编程，针对新风机组进行控制策略的编程，逻辑关系的编程，组态设计	熟悉
		2	DDC编程软件，空调机组的自动控制，送风机启停控制	掌握
		3	电梯结构，运行原理，电梯的电力拖动系统，逻辑控制系统，微机控制系统	熟悉
		4	电梯控制系统设计，控制程序设计。控制逻辑，编制I/O点表，根据I/O点表，采用OMRON等系列PLC进行控制程序编程、调试	掌握
		5	一般建筑设备自动化系统分析和设计的基本方法，根据设计任务书要求，确定建筑设备自动化系统的内容，通过调查研究，确定系统结构和产品，画出建筑设备自动化系统的系统图、平面设计图，并写出设计说明书	熟悉
		6	智能建筑相关设计标准、规范，建筑设备自动化系统的最新发展和主流技术与产品	熟悉
	建筑物信息设施系统课程设计（1周）	1	综合布线系统工程设计。相关技术资料的收集，设计方案，相关计算，设备、线缆等材料选型，绘制工程图，编制设计说明、图纸目录、图例符号表及主要器材表等	掌握
		2	有线电视系统工程设计。相关技术资料的收集，设计方案，相关计算，设备、线缆等材料选型，绘制工程图，编制设计说明、图纸目录、图例符号表及主要器材表等	掌握
		3	电子会议系统工程设计。相关技术资料的收集，设计方案，相关计算，设备、线缆等材料选型，绘制工程图，编制设计说明、图纸目录、图例符号表及主要器材表等	熟悉
		4	相关设计标准或规范	熟悉
	公共安全技术课程设计（2周）	1	火灾自动报警系统设计，相关技术资料的收集，火灾自动报警设计方案与设备选择。消防联动控制、设备选择、系统供电、报警线路选择及敷设方式选择及要求；火灾报警控制器、消防联动控制器、消防广播、消防专用电话等的控制和动作要求；火灾探测器数量、火灾报警控制器容量、扩音机及扬声器容量、消防专用电话总机容量计算等	熟悉
		2	火灾自动报警系统施工图，火灾自动报警与消防联动控制系统图、火灾自动报警与消防控制平面布置图。编制设计说明、图纸目录、图例符号表及主要器材表等	掌握
		3	闭路电视监控系统设计。技术资料的查找收集，闭路电视监控系统设计方案与设备选择，绘制工程图	掌握
		4	入侵报警系统设计。技术资料的查找收集，入侵报警系统设计方案与设备选择，绘制工程图	掌握
		5	门禁控制系统。相关技术资料的查找收集，确定门禁控制系统设计方案与设备选择，绘制工程图	掌握
		6	相关设计标准或规范	熟悉

实践单元			知识与技能点		
序号	描述		序号	描　　　述	要求
1	课程设计	建筑智能化系统集成课程设计（1周）	1	协议与协议转换，系统集成的主要方式与方法，OPC、ODBC技术的基本概念	熟悉
			2	建筑智能化系统集成规划设计的步骤、方法和要求，收集相关资料，结合实际工程对象设计集成方案，设备选型	掌握
			3	相关设计标准或规范	熟悉
		建筑智能化工程概预算（1周）	1	按照相应《工程计价表》中的计算规则进行详细的工程量计算	掌握
			2	按照相应《工程计价表》中的相应价格编制各分部分项工程的预算书	掌握
			3	按照相应地区的工程量清单计价程序和取费标准进行工程造价汇总	掌握
2		毕业设计（14周）	1	工程设计的基本程序和方法，相关设计资料（电力、信息设施、建筑环境、天文气候、被控对象等）的调研和收集	掌握
			2	依据使用功能要求、经济技术指标等，进行包括设备及线缆等材料选型、系统构成、管线综合布排、平面布置等工程设计方案确定	掌握
			3	利用手工和计算机进行理论分析、设计计算和图表绘制，正确运用工具书和相关技术规范	掌握
			4	工程图设计	掌握
			5	工程的设计概况、工程所在地的自然环境与相关专业条件，施工准备工作及施工场地布置	熟悉
			6	主要分项工程的施工方案、施工工艺与方法，主要施工设备选择与计算及设备的布置	熟悉
			7	施工质量与安全措施，工程项目管理、施工组织与管理	了解
			8	技术文件的编写，外文资料翻译	熟悉
		毕业论文（14周）	1	选题背景与意义，研究内容及方法，国内外研究现状及发展概况	熟悉
			2	利用有关理论、方法和计算机仿真工具以及实验手段，初步论述、探讨、揭示某一理论与技术问题，具有综合分析和总结的能力	掌握
			3	主要研究结论与展望，有一定的见解	掌握
			4	论文的撰写，外文资料翻译	掌握

附件三

高等学校建筑电气与智能化学科专业指导小组规划推荐教材

普通高等教育土建学科专业"十一五"规划教材　　　　附表 3-1

序号	书　名	主　编	主编所在学校
1	建筑电气照明	黄民德	天津城建大学
2	智能建筑系统集成	杜明芳	北京联合大学
3	建筑电气	方潜生	安徽建筑大学
4	智能建筑概论	王娜	长安大学
5	计算机控制技术	魏东	北京建筑大学
6	建筑电气与智能化工程项目管理	付宝川	苏州科技学院
7	综合布线技术	韩宁	北京林业大学

普通高等教育土建学科专业"十二五"规划教材　　　　附表 3-2

序号	书　名	主　编	主编所在学校
1	智能建筑环境学	王娜	长安大学
2	建筑设备自动化	任庆昌	西安建筑科技大学
3	建筑设备工程	李界家	沈阳建筑大学
4	建筑供配电与照明（上、下册）	王晓丽	吉林建筑大学
		黄民德	天津城建大学
5	建筑电气控制技术	胡国文	盐城工学院
6	建筑物信息设施系统	于海鹰	山东建筑大学
		朱学莉	苏州科技学院
7	计算机控制技术	于军琪	西安建筑科技大学
		张桂青	山东建筑大学
8	信息化应用系统	付保川	苏州科技学院
9	建筑节能技术	王娜	长安大学
10	网络与通信基础	杨宁	广东技术师范学院
		于海鹰	山东建筑大学
11	建筑电气工程设计	黄民德	天津城建大学
		段春丽	长春工程学院
12	智能小区规划与设计	王立光	吉林建筑大学
		段春丽	长春工程学院

注：表中所列教材由中国建筑工业出版社出版，欢迎选用。